KB044779

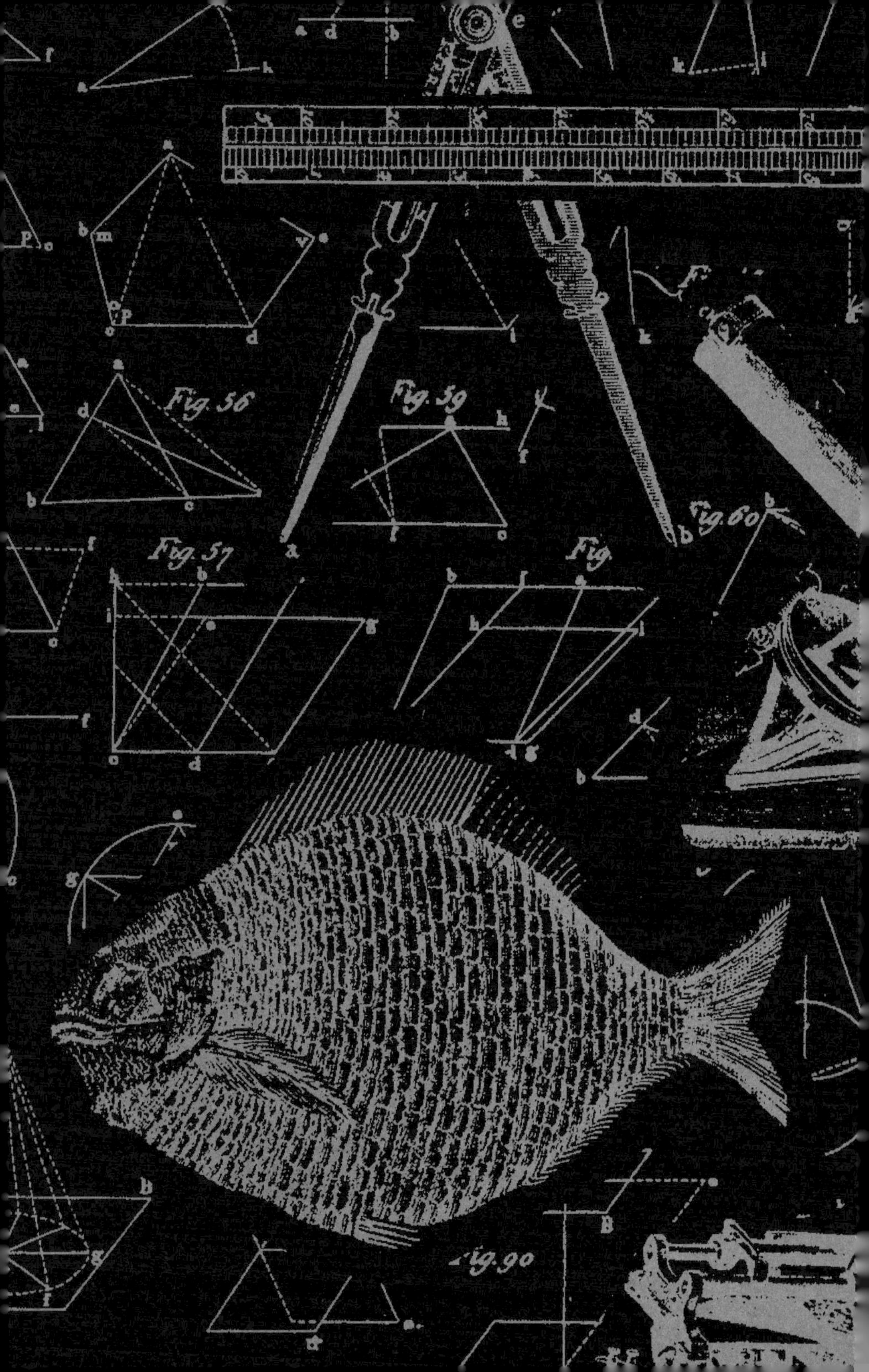
Fig. 56
Fig. 59
Fig. 60
Fig. 57
Fig.

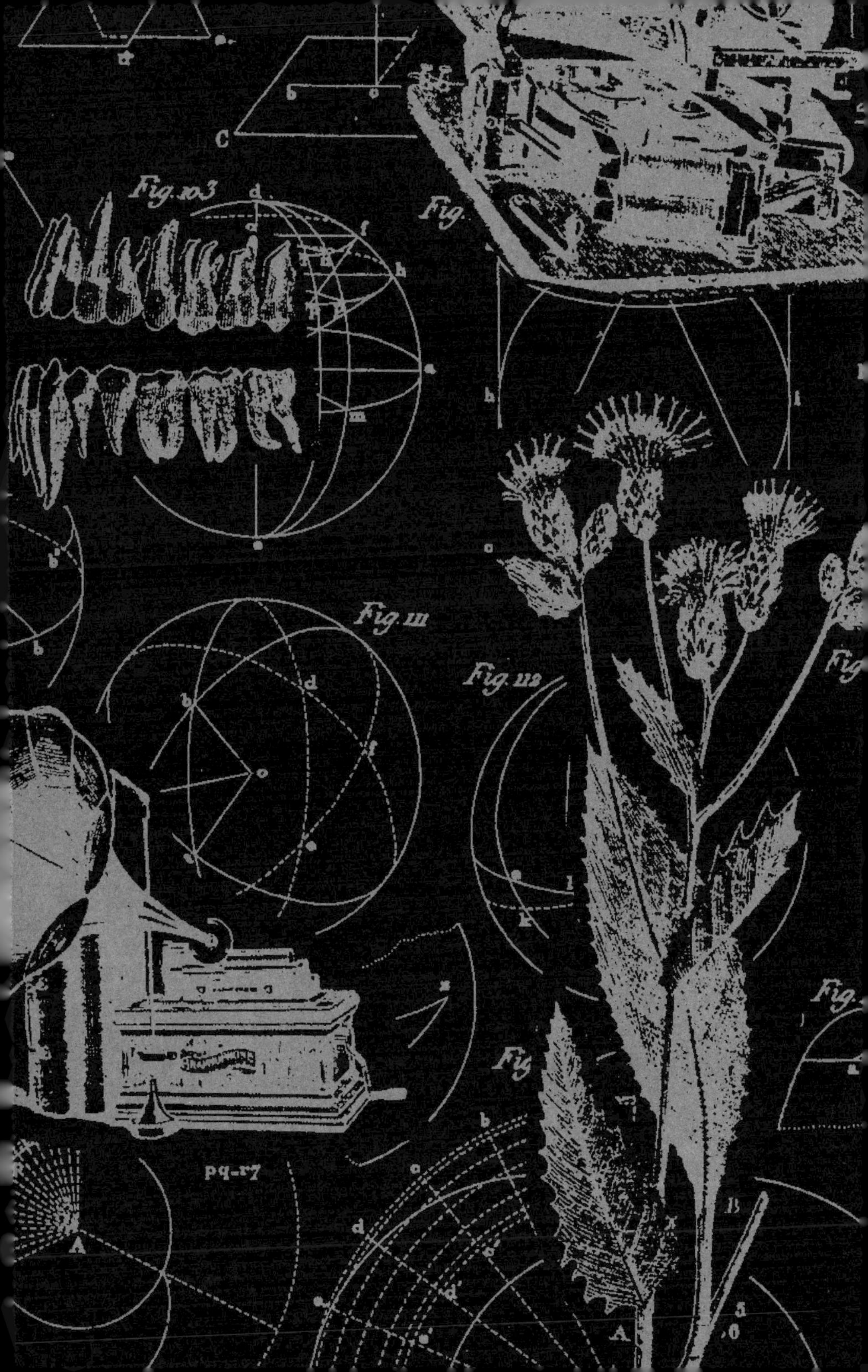
Fig.103
Fig.111
Fig.112
pq-r7

생리학의 아버지

*파블로프

생리학의 아버지

*파블로프

차례

굶주린 개와 메트로놈을

개장에 함께 두었다. 메트로놈 소리를 정확히 1분 들려 준 뒤에

개에게 먹이를 주었다. 먹이를 입에 문 개는 침을 흘렸다.

이 과정을 서너 번 반복했다.

개는 이제 메트로놈 소리만 들어도 침을 흘리기 시작했다.

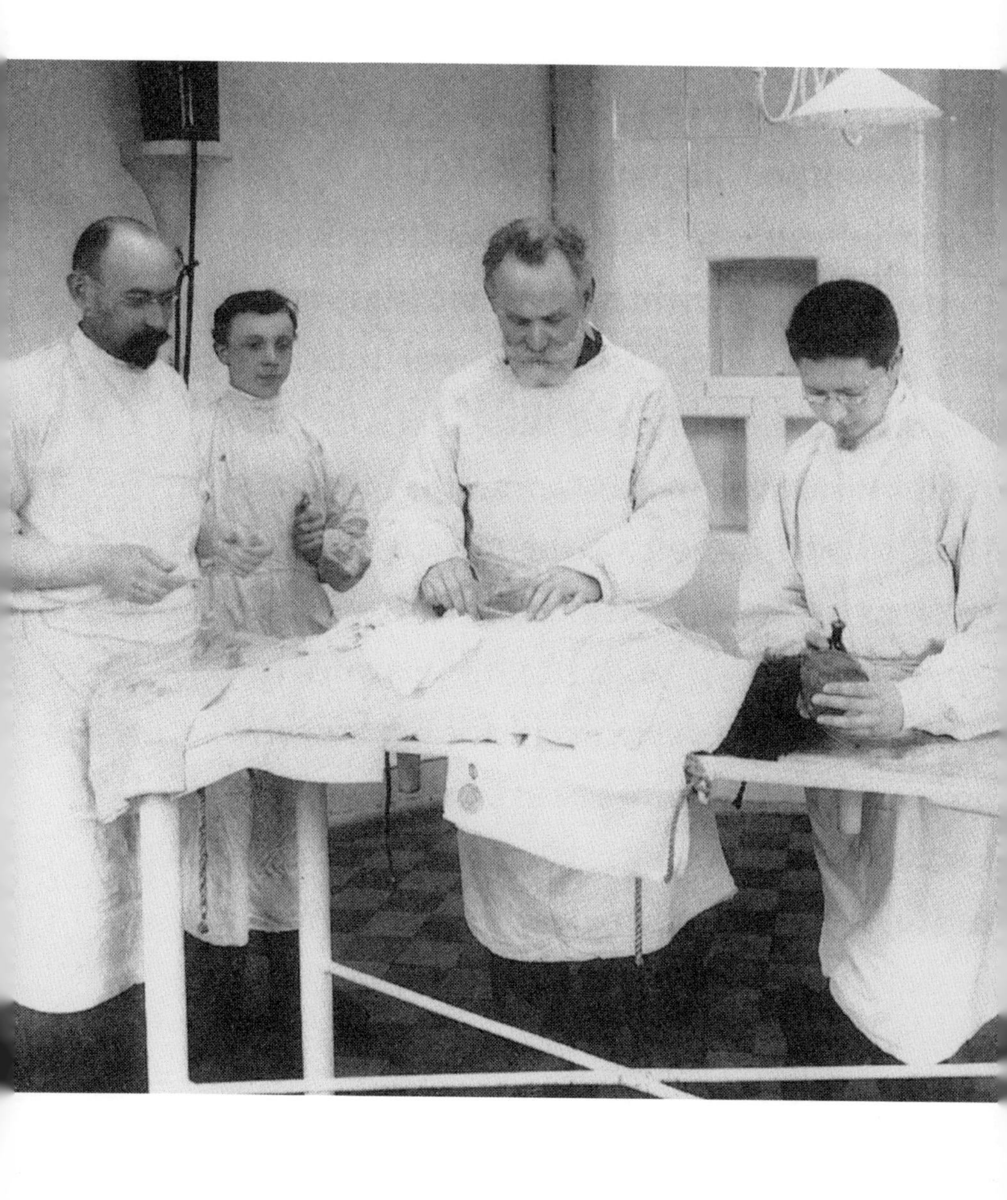

80세의 이반 파블로프는 서재의 선반에서 오래된 책을 한 권 꺼냈다. 곧바로 230쪽을 펴고 감상에 젖어 친구에게 보여주었다. 그 책은 조지 루이스가 쓴 『공동생활의 생리학』으로, 펼쳐진 쪽에는 동물의 내부 기관 도해가 그려져 있었다.

"내가 아주 어렸을 때 러시아어로 번역된 이 책을 읽고 이 그림에 매우 흥미를 갖게 되었네. 그토록 복잡한 체계가 어떻게 작동하는지 의문을 품게 되었지."

'그토록 복잡한 체계가 어떻게 작동하는가?' 이것은 이반 파블로프가 일생동안 사람을 비롯하여 동물에 대해 던진 질문이다. 심장이 어떻게 작동하고, 소화계가 어떻게 작동하고, 뇌가 어떻게 작동하는가? 파블로프에게 동물은 놀랍고도 대단히 복잡한 기계와 같았다. 이 기계는 살아남기 위해 어떻게든 정확하게 작동해야 한다. 심장은 쉬지 않고 수십 년 동안 혈액을 분출(혈류의 속도와 힘도 조절하는)시키는 능력을 가지고 있다는 점에서 그 어떤 인공적인 기계를 능가한다. 위는 식사 때마다 제대로 조성된 위액이 흘러나오도록 조절하여 소화가 잘 되도록 한다. 뇌는 어떻게든 적이나 먹이감이 근처에 있음을 알아차리도록 덤불이 움직이는 방향으로 시야를 돌리게 한다.

이 모든 것들이 파블로프에게는 끊임없이 이어지는 매력적인 질문이었다. 실험실에서는 그 질문에 답하기 위해 즐겁게 연구할 뿐이었지만, 그 질문은 그 이상을 의미했

루이스가 집필한 『공동생활의 생리학』에 그려 진 어떤 포유동물 내부 기관 스케치. 파블로프는 1860년대인 십대였을 때 이 그림에 매료되었고, 60년도 더 지난 후에도 그림을 선명하게 기억하고 있었다.

다. 이런 질문에 대한 답이 인간의 역사와 인간의 본질 자체를 변화시킬 수도 있을 것이다. 파블로프는 지식은 힘이고, 과학적 지식이야말로 모든 것 중에서 가장 진실 되고 가장 위대한 힘이라고 믿었다. 인간에게 자연을 이해하도록 하면, 과학은 인간에게 자연을 조절하는 법을 가르쳐 줄 것이다. 과학은 또한 인간의 본성을 더 깊이 이해하도록 도와서 자신의 인생을 실수 없이 조절할 수 있게 해 줄 것이다. 1922년 제1차 세계대전의 끔찍한 폐허를 겪고 난 후, 그는 다음과 같이 제시했다.

"인간의 본성 자체를 아는 과학이 필요하다. 과학적인 방법을 동원하여 인간의 본성에 가장 성실하게 접근하는 방법이 인간을 현재의 암흑에서부터 구출해내고, 인간 관계 안에서 그 시대의 수치심을 정화시킬 것이다."

파블로프가 사망한 후에도 수십 년 동안, 그는 20세기의 가장 유명한 과학자 중 한 사람으로 기억되고 있다. 소화, 뇌, 행동에 대한 선구자적인 연구들이 아직도 과학자들에게 중요한 통찰력을 제공하고, 상상력이 풍부한 실험 기술을 가진 고무적인 실례로 되고 있다. 전 세계 사람들이 파블로프와 침 흘리는 개에 친숙한 것은 그가 지녔던 선견지명을 보여 준다. 실험 과학을 통하여 인간의 본성을 이해할 수 있고, 아마도 조절까지 할 수 있을 것이라는 희망(어떤 사람에게는 공포)을 상징하게 되었다.

파블로프의 인생은 몽상가이자, 훌륭하고 똑똑한 실험 과학자이자, 과학의 힘이 우리 자신뿐 아니라 세상도 더 좋게 변화시키리라 믿었던 신봉자의 이야기이다. 전 생애를 단 한 가지의 이러한 선견지명을 위해 바쳤던 긴 인생 이야기이다. 이 이야기는 엉뚱하게도 다음과 같이 시작된다. 성직자가 되려고 공부하고 있는 한 청소년이 아침에 일찍 일어난다. 불안에 떨며 주위를 힐끗거리면서 러시아 새벽의 차가운 어둠을 뚫고 새로 개관한 공공 도서관으로 걸어간다. 물론 새벽 다섯 시인 이 시각에 도서관은 닫혀 있다. 하지만 몰래 들어가는 길을 이미 알고 있다. 파블로프는 안으로 들어가 금서들을 읽는다.

1

신학생,
과학을 선택하다

이반 페트로비치 파블로프도 역시 성직자가 될 뻔했다. 파블로프 가문은 여섯 세대를 지나는 동안 집안의 남자들이 러시아 동방정교회에서 봉사했기 때문에 사제로 진출하여 출세할 수 있었다. 야망을 품은 시골뜨기가 자신의 운명을 바꾸기 위한 방법은 그다지 많지 않았다. 18세기 후반 표트르 대제 시절에 파벨이라는 이름으로 알려진 한 시골뜨기가 러시아 시골 지방의 작은 교회에서 성가 대원이 되었다. 그 후 3대에 걸쳐 파블로프 집안 남자들은 모두 성직자 보좌 역을 맡게 되었다. 19세기 중반이 되면서 드디어 사제로까지 진출했다. 페트르 드미트리예비치 파블로프와 두 형제(이름이 둘 다 이반으로 같다) 모두 신학교를 졸업하고 지방 교구 교회의 사제로 갔다. 특히 페트르(파블로프의 아버지)는 운이 좋아서, 랴잔에 있는 니콜로-비소코프스카이아 교회의 사제로 갔다. 모스크바에서 약 320킬로미터 떨어진 곳으로 러시아의 중앙을 흐르는 오카 강 기슭에 세워진 지방 도시였다.

신앙심이 깊지만 자유분방한 사제 페트르

페트르는 신앙심이 깊어서, 랴잔에서 가장 존경받는 성직자 중 한 사람이 되었다. 동방정교회의 성직자들은 월급을 받지 않았다. 대신에 종교적인 행사와 성직자의 여러 임무를 수행하는 대가로 교구민들로부터 돈(루블 : 러시아의 화폐 단위. 1루블은 100코페이카)을 받았다. 파블로프의 아버지는 이 수입 외에도 정원을 대규모로 운영하여 포도와 토마토 등의 과일을 팔았고, 그 지역의 신학교에 다니는 학생들에게 자신의 집 일부를 임대하여 방세도 받았다. 그는 자신이 관할하는 교구민의 고민을 위로해 주고, 그들을 위해서 때로는 교회 규칙도 따르지 않았던 성직자로 알려졌다. 예를 들면, 한 쌍의 남녀가 결혼하려면 필요한 서류들을 제출해야 하는데, 그 모든 서류를 제출할 수 없거나 또는 교회가 인정하는 나이보다 신랑 나이가 더 많거나 신부가 더 젊다하더라도 교회 결혼을 허가하곤 했기 때문이다. 파블로프의 어머니인 바바라 이바노브나 파블로바에 대해서는 알려진 바가 거의 없다. 성직자의 딸이라는 사실과 자녀를 10명 낳았다는 사실 그리고 페트르가 그녀를 신경쇠약자 즉, 극단적으로 신경질적이라고 생각했다는 점이 전부이다. 페트르에 대해 바바라가 언급한 바가 있다면, 식구 중 가장 가까이 했던 딸 리디아가 회상한 것으로 페트르는 폭군처럼 집안을 다스렸다는 간단한 소견뿐이다.

약하지만 열정적인 성격의 아이

페트르와 바바라의 첫 아이는 1849년 9월 26일에 태어났다. 친척 중 어떤 사람은 파블로프가 '약골이었으며 병약' 했다고 기억했다. 체구가 작고, 체질도 약하고, 야위었다. 또한 열정적이고 감정이 격해지기 쉬운 성격이라고 했

파블로프의 어머니 랴잔의 중요 성직자였던
친정아버지의 반대에도 불구하고 글 읽는 법을 배웠다.
파블로프의 아버지 성직자로 랴잔 종교계의 지도자였다.
그는 집안 소유의 과수원을 경작하여 여분의 돈을 벌었다.

다. 파블로프의 열정적인 성격은 엄마에게서 물려받은 유전적 영향이라고 페트르는 나무라곤 했다. 파블로프는 책 읽기를 좋아하지 않아서 아버지의 서재를 등한시했는데, 그 서재는 랴잔에서 책을 찾을 수 있는 몇 안 되는 도서관 중 하나였다. 대신 아버지를 도와 정원을 돌보거나 과일을 따서 모으는 일을 더 좋아했다.

파블로프 가족은 랴잔 중심부 근방의 니콜스카이아 거리에 있는 안락한 2층 목재 집에서 살았다. 그들은 풍족하게 먹었지만 식단은 간단했다. 페트르가 손수 가족의 먹거리를 위해 고기, 밀가루, 야채, 버터, 설탕을 준비했고, 특별한 날에 먹으려고 보드카와 과일, 설탕 등으로 손수 양조 음료를 빚었다.

파블로프는 8살 때, 높은 울타리에서 이웃집 안마당에 있는 돌로 된 연단 위로 떨어져 심한 중상을 입었다. 수개월이 지나도록 잘 회복되지 않았다. 결국 근처 남자 수도원의 원장이었던 그의 대부가 파블로프를 데려가 몸과 마음을 치료하기로 했다. 그 치료란 계속되는 훈련, 훈련 또 훈련이었다. 파블로프는 낮에 열심히 일하고 열심히 놀았다. 즉 정원 가꾸기, 수영, 스케이트, 그리고 실외 볼링과 비슷하지만 공 대신에 무거운 막대기를 사용하는 러시아의 전통놀이인 고로드키 놀이를 했다. 밤에는 몇 권의 책들만 있는 빈 방에 갇혔다. 지루함을 이기기 위해 파블로프는 그 책들을 대충 훑어보며 넘기기 시작했고, 바로 독후감을 써서 수도원장에게 보냈다. 가족들에 의하면 파블로프는 아주 달라져서 학구파가 되었으며, 교육을 잘 받은 소년이 되어 집으로 돌아왔다고 한다.

파블로프의 잊지 못할 추억들

파블로프는 힘든 육체적 노동과 정신적 노력이 합해진 엄격한 일정의 중요성을 알게 해 준 수도원의 생활에 대해 평생 동안 감사했을 것이다.

수도원에 머물렀던 것 외에 그에게 지속적인 영향을 준 매우 중요한 두 사건이 있다. 바로, 어린 시절에 겪은 삼촌 두 명의 이상한 운명과 부활절 이야기이다.

아버지에게는 두 명의 남자 형제가 있었다. 모두 이반이라는 이름의 삼촌들이다. 둘 다 성직자가 되었지만, 모두 그 지위를 오래 유지하지 못했다. 삼촌 중 한 명은 애주가였다. 또, 마을 남자들 전체가 한 팀이 되어 다른 마을 사람들과 싸우는 러시아식 싸움에서 유명했다. 그는 곧 이런 성직자답지 못한 행동 때문에 성직을 박탈당하고, 싸우다가 다쳐 후유증으로 죽었다. 또 다른 삼촌도 독주가였다. 성직자가 된 후에 그의 교회에 곧 이상한 일들이 생겼다. 관 속의 시체들이 사라졌고, 흰 천을 두른 사람들이 무덤을 돌아다녔고, 한밤중에 교회 종소리가 울렸다. 어느 날 밤, 마을 사람들이 이 의문을 풀려고 모여 있다가 교회의 성직자인 이반 삼촌을 붙잡게 되었다. 삼촌을 이반 삼촌을 심하게 때린 뒤, 술에 취해서 떨고 있는 삼촌을 추위 속에

러시아인들의 이름과 파블로프 가계

러시아인의 이름에는 가족의 역사가 약간 배어 있다. 중간 이름을 사용하지 않는 대신에 '조상의 이름을 따르는 부칭' 즉, 아버지의 이름에 근거를 두고 있는 이름을 붙인다. 이반 페트로비치 파블로프(Ivan Petrovich Pavlov)는 페트르(Petr)의 아들이 된다. 이반의 남동생인 드미트리 페트로비치 파블로프(Dmitry Petrovich Pavlov), 페트르 페트로비치 파블로프(Petr Petrovich Pavlov), 세르게이 페트로비치 파블로프(Sergai Petrovich Pavlov)는 이반 페트로비치 파블로프와 마찬가지로 아버지의 이름을 따른 것이다.

딸에게는 다르게 적용된다. 이반의 누이 이름은 리디아 페트로브나 파블로바(Lidiia Petrovna Pavlova)였다. 부칭과 성의 끝에 붙인 'a'는 리디아가 여성임을 나타낸다. 마찬가지로 이반의 아버지(페트르 드미트리예비치 파블로프)와 어머니의 이름(바바라 아바노브나 파블로바)에서 두 할아버지의 이름이 드미트리와 이반임을 알 수 있다. 파블로프의 어머니는 열 명의 아이를 낳았는데 이 중 5명만 살아남았다. 이렇게 높은 유아 사망률은 그 당시 러시아에서는 흔했다.

방치해 버렸다. 놀랄 것도 없이 삼촌은 직장을 잃었다. 이러한 불명예를 안고 이반 삼촌은 파블로프 집에서 살게 되었지만, 어린 파블로프에게는 좋은 벗이 되었다. 파블로프는 삼촌을 존경했다. 그러나 알코올 중독과 통제되지 않는 행동으로 불명예를 얻은 두 삼촌을 기억하며 행동거지의 본보기로 삼았다. 절대 잊지 못했을 것이다.

잊지 못할 어린 시절의 또 다른 추억은 부활절 이야기이다. 랴잔에서는 부활절과 크리스마스를 제외하고는 그날 그날이 매일 똑같았다. 사순절 40일 동안 파블로프 가족은 토스트와 메밀 팬케이크만을 먹으며 절식했다. 너무 배고프고 힘들기 때문에 그 대단한 절식 뒤에 오는 휴일을 모두 경축했다.

"절식 기간 동안 부자들은 우울했고 교회에서 울려 나오는 가락은 슬펐다. 그러다가 갑자기 환한 햇살과 함께 밝고 기쁨에 넘치는 명랑한 가락과 맛있는 음식들이 풍성한 부활절이 시작되었다."

파블로프는 훗날 종교 서약을 포기한 후에도 부활절에는 항상 기뻐하고 경축했다.

아버지의 기대를 받는 우수한 학생

파블로프는 집에서 가정교사로부터 교육을 받았다. 비로소 11살 때에 랴잔 신학교에 입학하여 사제가 되기 위한 교육을 받기 시작했다. 그 학교의 교과 과정은 주로 기계

파블로프가 소년 시절을 보냈던 라잔에 있는 집.
방이 11개나 되는 넓은 집으로 그의 방은 2층에 있었다.

적인 암기로 이루어져 있었다. 가장 중요한 두 과목은 라틴어와 그리스어였고, 그 다음은 교리 문답(교리에 관한 공식적인 질문과 대답)과 성서 역사였다. 그는 곧 음악을 제외한 모든 과목에서 최우수 학생이 되었다. 그러나 음악은 너무 못해서 합창단에도 들어가지 못할 정도였다. 15살이 되던 1864년에 신학교를 졸업하고 랴잔 신학대학교에 입학했다. 다시 말하면 그는 교회 역사와 교리, 러시아어, 세계사, 문학, 언어학, 논리학, 철학, 자연과학의 몇몇 과목 등을 망라하는 엄격한 교과 과정에서 최상위에 해당하는 등급을 받았던 우수한 학생이었다. 아버지는 장남인 파블로프가 가문의 7번째 세대 중에서 교회에 봉사할 최초의 사람이 될 것이라고 믿어 의심치 않았다.

그러나 시대가 변하고 있었다. 생활 방식에 관한 파블로프의 인생관도 여타 젊은이들과 마찬가지로 변하고 있었다. 장차 일어날 일을 이해하기 위해서, 그리고 왜 파블로프가 이른 새벽에 랴잔의 도서관에 몰래 들어갔는지를 이해하기 위해서는 청소년기였던 1860년대 러시아 정세에 대해 어느 정도 알아야 할 필요가 있다.

1855년부터 1881년 암살당할 때까지 러시아를 지배했던 차르, 리베라토르 알렉산더 2세. 그는 농노를 해방시켰고, 러시아의 교육계를 발전시켰고, 국가 감찰관의 세력을 약화시켰다.

가난한 독재 정권의 나라 러시아

당시 러시아는 절대 독재 정치와 엄격한 계급 구조로 된

거대하지만 절망적이고 가난한 나라였다. 인구의 대부분이 농부인 농노로 대개는 너무 가난했고, 법적으로 지주의 넓은 토지에서 일하도록 매여 있었다. 농노는 이사할 권리뿐 아니라, 권리라는 자체가 전혀 없었다. 러시아의 통치자는 말이 곧 법이 되는 절대 군주 차르였다. 1825년부터 1855년까지의 차르는 철의 주먹을 가진 니콜라스 1세로 그의 철학은 다음의 슬로건에 분명하게 드러나 있었다. '독재 정치, 정교 신앙, 민족성' 즉, 차르의 절대적인 통치, 정신적인 문제에서 교회에 절대적인 권위 부여, 국가의 운명과 러시아 국민들의 전통에 대한 무조건적인 믿음이다. 니콜라스 1세는 이의 제기를 용납하지 않았고, 서구적인 사고방식을 받아들이지 않았다. 문제만 일으킬 것이라고 생각했기 때문이다.

1855년 니콜라스 1세가 죽고 난 뒤 계승자인 알렉산더 2세의 생각은 달랐다. 크림 전쟁(1855~1856)에서 당한 치욕적인 대패에 깜짝 놀라 현대화가 되어야만 나라가 강해지고 번영할 수 있다고 믿게 되었다. 이 새로운 차르는 대대적인 개혁을 일으켜 나라를 밑바닥까지 흔들었다. 1861년에는 농노를 해방시켰다. 이는 미국에서 에이브러햄 링컨 대통령이 노예 해방 선언으로 노예를 해방시킨 지 2년 후였다. 러시아의 법조계와 교육계를 개혁했고, 서방으로의 여행 규제를 완화하고, 국민들이 집회하거나 대중 연설을 할 때 자유를 더 주었다. 그러나 이 모든 경우에도 아직 정부의 허락이 필요해서 만일 체육 대회 같은 비정치적인

차르
러시아 제정 시대 때 황제의 칭호.

크림 전쟁
1853년 제정 러시아가 흑해로 진출하기 위하여 터키, 영국, 프랑스, 사르디니아 연합군과 벌인 전쟁.

집회를 결성하고자 하더라도 허락을 받아야 했다. 또한 만일 모임이나 연설을 차르나 공관들이 보기에 위험하다고 판단하면 체포당했다. 그렇지만 러시아인들은 전보다 훨씬 더 많은 자유를 얻게 되었다. 알렉산더 2세는 검열도 많이 완화하여 전에는 금지했던 대중 토론을 할 수 있게 되었고, 많은 책들이 출판되었다.

러시아에 불기 시작한 개혁을 향한 변화의 바람

러시아에는 합법적인 정당이 없었다. 그 대신 '대중 잡지'가 생겼다. 이 잡지는 다양한 정치적 견해를 선도했다. 급진적인 잡지는 러시아가 서방 국가들처럼 되어야 하고 차르는 없어져야 한다고 제안했다. 물론 이런 과격한 선동은 암시적으로 미묘하게 표현되었다. 이에 반해 보수적인 잡지는 러시아의 유일한 전통과 특별한 운명을 지키려면 위험한 생각들을 짓밟아야 하기 때문에 차르는 더 엄격해져야 한다고 주장했다. 이러한 대중 잡지들은 최신 소설에서부터 미국의 남북 전쟁에 대한 뉴스, 또 최신의 과학적 발견에 대한 보고까지 모든 것을 읽을 수 있는 주요한 장이었다. 러시아인은 각자 선호하는 대중 잡지를 읽음으로 그 날의 중요한 논쟁거리를 다른 사람이 생각하는 바에 대해 많이 알 수 있었다. 보수주의자는 니콜라이 카트코프의 『러시아 헤럴드』를 읽었고, 급진주의자는 니콜라 체르니셰프스키의 『동시대』 또는 언론인 드미트리 피사레프

체르니셰프스키
(1828~1889)
러시아의 언론인, 정치가. 철학적 유물론의 체계를 세웠으며, 19세기 후반의 혁명적 민주주의 사상을 발전시키는 데 이바지했다.

피사레프(1840~1868)
러시아의 평론가. 혁명적 민주주의자로, 자연 과학을 중히 여겼으며 공리적 예술론을 주장했다.

의 『러시아 논쟁』이라는 잡지를 읽었다.

구러시아는 죽어 가고 현대적인 러시아가 새로이 탄생하는 것처럼 보였다. 그 모습은 어땠을까? 국민들이 새로운 문학 작품을 읽고 철학이나 정치, 문학과 과학을 논하면서 나라 전체에 걸쳐 토론 모임이 생겨났다. 그 당시의 한 활동가는 다음과 같이 말했다.

"지금은 놀라운 시대이다. 모든 사람들이 생각하고 읽고 공부하려고 하는 시대이다. 잠재되었던 사고가 깨어나 작동하기 시작했다. 그 충동은 강하고, 그 작업은 거대하다. 현재보다는 미래 세대의 운명을 생각한다."

과학에 끌리는 많은 젊은이들

이러한 고도의 변화는 젊은이들에게 가장 큰 영향을 주었다. 전에는 많은 젊은이들이(그나마도 선택권이 있었던 특권층) 자기 부모의 발자취를 따라 영주가 되거나 구두장이, 성직자가 되었다. 그러나 이제 변화하기 시작했다. 농노가 없는 영주는 어떻게 될까? 교회에는 무슨 일이 일어날까? 러시아를 새로이 건설하는데 어떻게 참여할 수 있을까? 많은 젊은이들은 가족의 전통을 거부하고 상당히 매력적인 과학 쪽으로 돌아섰다.

1860년대 과학은 여러 가지 이유에서 존경받게 되었다. 알렉산더 2세 정부는 과학이 러시아의 경제, 기술, 군사, 의료 서비스 등을 강화시켜 주리라 생각했기 때문에 과거

보다 더 많은 돈을 투자했다. 또한 차르 내각의 일부 지도층은 만일 학생들이 과학 실험실에서 바빠진다면 급진적인 정치 활동을 할 에너지나 시간이 줄어들 것이라 믿었다. 차르 체제를 반대하는 많은 지식인들은 과학은 새롭고 객관적인 지식으로 당시의 독재 정치, 정교 신앙, 민족성의 대안이라 믿었기 때문에 과학을 지지했다. 또한 근대 과학은 유물론자적 세계관을 표현한다고 생각했다. 즉 과학은 자연의 법칙과 물질의 성질에 따라 모든 것을 설명하기 때문에 교회와 차르에 얽매인 미신적인 신앙으로부터 러시아인을 자유롭게 해 줄 것이라고 믿었다. 예를 들어, 신이 인간을 창조했다는 꾸며낸 이야기 대신 진화에 대한 과학적인 설명이 등장했고, 인간의 뇌에 대한 과학적인 연구가 영적이고 불멸인 인간의 영혼을 믿는 신앙을 서서히 훼손시킬 수 있었다. 당시는 찰스 다윈의 진화론 시대이자, 생물과 무생물 사이의 구별이 없어질 것 같은 화학이 발달한 시대였고, 생리학자들이 인간의 신체를 이해하는데 있어 거의 매일 매일 돌파구가 열리던 시대였다. 독일의 생리학자 칼 루트비히는 개구리의 심장 박동을 체외에서 몇 시간 동안 지속시키는데 성공하기도 했다. 러시아의 생리학자 이반 세체노프는 물의를 일으킨 저서 『뇌의 반사(1863)』에서 모든 인간의 행동과 사고는 기계 같은 반사 작용의 결과로 설명할 수 있다고 주장했다.

바야흐로 과학이 새롭고 근대적인 미래상을 제시했다. 당시의 한 학생은 다음과 같이 표현했다.

유물론
물질의 특성으로 모든 것을 설명할 수 있다는 철학적 견해.

루트비히(1816~1895)
독일의 생리학자. 혈액 순환의 기계적 작용을 밝혔으며, 턱밑샘의 신경 분비와 혈액과 산소의 운반 관계에 대해서도 연구했다.

반사
자극과 반응 사이에서 결정되는 현상으로 신경으로 연결되어 있다.

"과학은 마치 인류를 개선하고 품위를 높이기 위해서 더 나은 지식을 찾아야 하는 신들 가운데 한 여신인 것처럼 가장 높은 제대 위에 올려졌다. 과학에서 가장 높은 사제가 되려고 공부하던 학생들은 잘난 체가 심했고, 지도부라 생각되었다."

과학의 정신에 끌리는 파블로프

파블로프를 아침에 일찍 일어나 신학 수업이 시작되기 전에 도서관으로 달려가게 했던 것도 바로 이런 정신이었다. 친구들과 함께 토론 모임을 만들어 급진적인 대중 잡지와 예전에 금지되었던 책들을 읽고 토론했다. 신학교 학생들이 '자기 마음대로 고른 책, 특히 윤리와 교회의 노선과 반대되는 사상을 내포하는 책들을 읽는 것' 은 명백하게 금지되어 있었다. 그래서 교내 학생 감시관이 랴잔의 거리를 돌아다니며 위반하는 학생을 찾아내곤 했으므로 매우 조심해야했다. 그가 직면했던 문제는 또 있었다. 너무나 많은 사람들이 드미트리 피사레프의 『러시아 논쟁』에 나오는 과학과 급진주의에 대한 글이나 러시아어로 번역된 다윈의 『종의 기원』, 세체노프의 『뇌의 반사』 등과 비슷한 책들을 읽으려고 도서관 문이 열릴 즈음에는 항상 길게 줄을 서 있었던 것이다.

"도서관 문이 열릴 때면 사람들이 몰려들어 매일 매일 주먹싸움이 일어났다."고 파블로프의 가족 중 한 사람이

다윈(1809~1882)
영국의 생물학자. 생물의 진화를 주장하고, 1858년에 자연선택에 의하여 새로운 종이 생겨난다는 자연선택설을 발표했다.

나중에 회상했다. 파블로프는 도서관에서 일하던 한 직원의 도움으로 이 폭도의 현장을 피할 수 있었다. 이 직원이 창문을 미리 열어 두면 열의에 찬 신학생 파블로프는 몰래 들어가 다른 사람들이 도착하기 전에 보고 싶었던 책들을 손에 넣을 수 있었다.

파블로프의 열정은 새로운 곳에서 다시 불타올랐다. 낮에는 신학교에 다니고, 밤에는 금서들을 읽었다. 한 친구의 말에 따르면 '토론 클럽에서 최고의 독서가로 가장 흥분하고 지칠 줄 모르는 토론자' 였다고 한다. 드미트리 피사레프의 글이나 제일 좋아하던 책인 루이스의 『공동생활의 생리학』 전체를 암기해 인용할 수 있었다. 특히 '자연은 대성당이 아니라 작업장이다' 라는 드미트리 피사레프의 슬로건을 좋아했다. 이 말은 새 시대의 지식인들을 사로잡았다. 자연을 신의 영광이 반영된 현상으로만 생각하여 수동적으로 숭배하지 말고, 과학적으로 이해하여 인류의 발전을 위해서 조절해야 한다는 말이었다.

위험한 사상에 빠진 신학교 학생

물론 신학교의 교수들도 자기 학생들이 '위험한 사상' 에 물들고 있다는 사실을 알고 있었다. 이 문제를 어떻게 다뤄야 할지에 대해 의견이 분분했다. 어떤 이들은 전통적인 교과 과정을 고수하고 유물론자와 반종교적 사상이 공공연히 퍼지는 것을 비난해야 한다고 주장했다. 또 다른 이

세체노프, 반사 그리고 자유의지

이반 세체노프는 1860년대 러시아의 유명한 과학자 중 한 명이었다. 그는 생리학자로 급진적인 드미트리 피사레프와 니콜라이 체르니셰프스키의 유물론자 관점에 동감했다. 1863년에 「뇌의 반사」라는 장문의 글을 썼는데, 이것은 급진적인 관점을 지지하는 과학 논쟁에 사용되었다.

'러시아 생리학의 아버지'로 알려진 이반 세체노프. 그는 개구리로 실험하여 논쟁의 대상이 되었던 『뇌의 반사』에서 사람의 행동을 설명하려 했다.

처음엔 급진적인 잡지인 『동시대』에 실으려 했지만 정부 검열관이 허락하지 않았다. 그래서 그 검열관이 생각하기에 아무도 읽지 않을 것이라 여겼던 의학 잡지에 실리게 되었다. 그러나 사람들이 세체노프의 글이 실릴 판에 서로 경비를 대려고 했기 때문에 이 잡지는 갑자기 인기가 치솟았다. 마침내 1866년에 검열관은 세체노프의 글이 한 권의 책으로 출판되도록 허가해 주었다.

세체노프는 사람들이 자기가 결정을 내렸다고 믿고 있을 때도 실제로는 반사가 시키는 것을 했을 뿐이라고 주장했다. 예를 들어, 저 길이 아닌 이 길을 택하여 걸어가거나, 저 생각이 아닌 이 생각에 동의하거나, 해안가에 안전하게 있는 대신에 물에 빠진 사람을 구하는 등이다. 다른 말로 하면, 사람들은 진짜로 자유롭지 못하다. 시계가 내부의 바퀴나 용수철 때문에 어떤 식으로든 움직이는 것과 마찬가지로(시계는 시간을 알려 주는 대신에 노래를 하겠다는 결정을 내릴 수 없다) 사람들은 반사 때문에 어떤 식으로든 행동한다.

세체노프에게 반사란 신경계의 조절을 받는 하나의 단순한 과정일 뿐이다. 반사는 하나의 감각 신경으로 되어 있는데, 그 감각 신경은 직접적으로 척추를 통하여 하나의 운동 신경으로 가거나, 아니면 뇌와 척추를 통해 운동 신경으로 간다. 감각 신경은 시각, 청각, 후각 같은 외부 세계의 자극에 반응한다. 이것이 하나의 운동 신경에게 하나의 신경 신호를 보내는데 직접적으로 척추를 통하거나 아니면 뇌에서 나와 척추를 통해 보낸다. 그 운동 신경은 팔이나 다리 또는 성대 등 무엇인가를 움직인다. 하나의 감각 신경에서 직접적으로 척추를 통해 하나의 운동 신경으로 하나의 반사가 지나가면 우리는 움직임을 전혀 느끼지도 못한 채 움직일 것이다. 예를 들어, 의사가 고무망치로 나의 무릎을 치면, '이제 내 무릎을 구부려야지' 라고 생각하는 것이 아니라 자동적으로 구부리는 것이다. 세체노프가 옆에 있었다면 다음과 같이 말했을 것이다. "너는 기계처럼 구부린 것이다."

감각 신경에서 나온 반사가 뇌를 통과할 때 우리는 신체가 하는 행동에 대해 생각 한다고 여긴다. 의도적으로 뭔가를 하고 있다고 생각한다는 것이다. 예를 들어, 좋아하는 음식을 보면(눈의 감각 신경에서 뇌로 자극 하나가 지나간 것이다) '먹어야지' 라고 생각한다. 그 다음 음식을 손으로 집어 입에 넣는다(뇌가 척추를 통해 운동 신경으로 신호를 보낸 것이다).

세체노프는 이런 생각 자체가 하나의 반사로 우리가 좋아하는 음식을 본 것에 대한 자동적인 반응이라고 믿었다. 내가 좋아하는 음식을 보았는데, 저녁 식사 시간이 가까웠거나 부모님이 보고 계시기 때문에 먹지 않는다면, 세체노프의 이론에 따르면 그것은 진짜로 자유결정을 한 것이 아니다. 뇌로 들어가는 억제라 부르는 신경돌기가 '먹지 마' 라고 말한 것이다. 세체노프에 의하면 억제도 하나의 반사다. 그는 뇌에서 이 억제 중심들을 발견했다고 말했다. 우리 신체에는 엄청난 수의 반사와 억제 기작이 있어서 이 둘이 함께 우리가 하는 모든 것을 결정한다고 주장했다. 태어난 그날부터 자연이나 가족, 선생님, 친구 등 사회에서 겪은 모든 경험들이 반사와 억제 반응을 하나의 네트워크로 형성한다. 그러므로 좋은 행동을 하는 사람은 근본적으로 잘 만들어진 기계이다. 그렇다고 나쁘게 행동하는 사람을 비난하면 안 된다. 그런 사람은 항상 빨리 가거나 또는 느리게 가는 시계에 지나지 않기 때문이다. 세체노프에 따르면 공정하고 친절한 사회는 '좋은 기계' 만을 훈련시킬 것이다. 좋은 기계란 서로 존경하고, 범죄를 저지르지 않고 항상 진짜 기사(용감하고 고상한 사람)처럼 행동하는 사람들이다.

이것은 세체노프가 자기의 과학 실험을 해석한 것에 근거하는 유물론적 주장이었다. 러시아에 '나쁜 인간 기계'가 존재한다는 것은 러시아 사회가 변할 필요가 있다는 증거이다. 그는 자유의지를 부인하여 우리 마음에서 일어나는 모든 것은(우리의 모든 생각과 감정) 우리 신체나 환경을 과학적으로 연구하면 설명할 수 있다고 믿었다. 어떤 과학자들은 세체노프와 동감했지만, 또 다른 과학자들은 동의하지 않았다. 동방정교회와 차르 체제 지지자들은 세체노프의 책에는 비도덕적인 메시지가 있기 때문에 나쁜 과학이라고 비판했다. 만일 사람들이 자유의지가 없다면 어떻게 자기 행동에 대해 책임질 수 있을까? 급진주의자들과 젊은 파블로프는 자유의지야말로 공명정대한 사회를 만드는 좋은 과학적 주장이라고 생각했다.

60년 뒤에 파블로프는 반사에 대해 연구하면서, '순수하게 생리학적인 태도'로 사고와 감정을 이해하려는 '똑똑한 시도'를 했던 세체노프의 '고상함과 진실성'에 충격 받았다고 회상했다.

들은 유물론자들의 관점과 싸워야 할 미래의 성직자를 키우려면 그 위험한 문학 작품 중 일부를 신학교 수업 시간에 공부해야 한다고 믿었다. 파블로프에게 논리학과 심리학 과목을 가르쳤던 성직자인 니콜라이 그레보프는 수업 시간을 '영혼의 영적 권위에 맞서는 유물론자들의 반항'을 반박하는데 할애했다. 어떤 교수는 훨씬 더 나아가 교회 검열관이 비판했던 루이스의 『공동생활의 생리학』을 포함한 몇몇 책들을 사용했다. 결국 그 교수는 해고당했다.

교과와 관련 없는 것들을 공부했지만, 파블로프는 신학교에서 성적이 수석은 아니더라도 좋은 편이었다. 또 그런 것에 자신을 너무 공개적으로 드러내지 않으려고 조심했다. 학생 감독관은 곧 파블로프의 '좋은 도덕적 기질'을 인정하게 되었고, 그에게서 '기독교 교회에 반대하고 나라에 해로운 어떤 사상'도 발견할 수 없었다고 보고했다.

그러나 파블로프의 사고와 열망은 뭔가 다르게 변했다. 1869년 아버지에게 마지막 학년을 마치기 위해서 신학교로 돌아가지 않겠다고 말했다. 그는 성직자가 되지 않고 상트페테르부르크 대학교에 들어갈 입학 시험 공부를 하겠다고 했다. 아버지는 격분했고 아들과 절교했다. 그리곤 절대 화해하지 않았다. 그러나 파블로프는 이미 결심했다. 그는 새로운 여신을 위한 성직자가 되고자 했다. 과학자의 길을 걷기로 한 것이다.

2

생리학자로 가는 고단한 길

러시아를 현대화하기 위한 표트르 대제의 노력은 생활 전반에 걸쳐 영향을 미쳤다.
그의 개혁지지자들이 강제로 사람의 수염과 외투 길이를 짧게 자르는 모습이다.

라잔에서 상트페테르부르크로 가는 기차는 하루도 채 안 걸려 파블로프를 새로운 세상으로 데려다 주었다.

서구를 향한 창문 상트페테르부르크

표트르 대제는 17세기 말에 상트페테르부르크 도시를 세우면서 러시아의 다른 어떤 도시와도 다르게 건설하고 싶었다. 이 노력은 여러 면에서 성공했다. 네바 강둑에는 차르의 겨울궁전을 웅장하게 세웠다. 많은 운하들이 도시를 통해 흐르고, 운하를 따라 러시아 귀족의 저택들이 세워졌다. 도시는 웅장하고 아름다울 뿐 아니라, 러시아 제국의 수도라는 이유보다 러시아의 장래에 대한 희망과 성명서를 표현했기 때문에 특별했다.

표트르 대제는 러시아를 구제하려면 오래된 많은 전통을 버리고 서방처럼 만들어야 한다고 생각했다. 이 혈기 왕성한 차르는 러시아를 세계 강국으로 만들기 위해 이웃 나라들과 여러 해 동안 전쟁을 치렀다. 또, 러시아를 현대화시킬 도구는 발달된 서방 세계 안에 있다고 믿었다. 이 도구를 찾기 위해 변장을 하고 가장 발달한 서구 국가들을 여행했다. 표트르 대제는 왕이나 여왕을 만나면서 시간을 낭비하고 싶지 않았다. 대신 과학자나 의사, 자연을 공부는 사람, 병을 고치는 사람, 배를 만드는 사람, 현대적 무기를 개발하는 사람들을 만나고자 했다. 스스로 목수 일을

표트르 대제(1672~1725) 러시아의 황제. 서구화 정책을 펼쳐 상트페테르부르크를 건설하고 제정 러시아의 근대화에 힘썼다.

표트르 대제의 청동기수상이 상트페테르부르크 시의 의회 건물 앞에 세워져 있다. 차르 황제는 러시아의 수도를 모스크바에서 새로운 '서방 세계의 관문'인 이곳으로 옮기며 이름을 기독교 사도인 성 베드로를 따라 붙였다.

공부했고, 치아를 빼거나 간단한 수술을 하는 법을 배웠고, 안토니에 레벤후크가 '작은 짐승'이라고 부른 미생물을 보기 위해 최초의 현미경을 들여다보기도 했다. 서구에서 과학과 기술 전문가를 많이 데리고 돌아와 러시아에 지식의 씨앗을 뿌리도록 고용했다.

상트페테르부르크는 과학적인 지식과 서구적인 방식의 중심이 되도록 만들어졌다. 이 도시는 표트르 대제의 '서구로 향한 창문'이었고 러시아의 새 수도였으며 새로운 과학 학문의 발상지가 되었다. 표트르 대제는 러시아의 현대화 방향의 상징으로 러시아 귀족들의 전통적인 긴 수염을 강제로 자르게 했다. 현대식으로 깨끗하게 면도를 했을 때만 궁전에 들어올 수 있었다.

상트페테르부르크는 러시아 지성인들의 중심이 되었는데 특히, 아직은 작긴 했지만 과학자 사회의 중심이 되었다. 랴잔에 도착하려면 몇 주나 걸리는 대중 잡지들도 이곳에서 출판되었다.

동물생리학을 공부하기 시작한 파블로프

생리학

생물에서 일어나는 필수적인 과정인 소화계, 호흡계, 순환계 등을 연구하는 분야.

차르의 겨울궁전에서 네바 강 건너, 과학연구소 바로 옆에는 파블로프에게는 운명이라 할 만한 상트페테르부르크 대학교가 서 있었다. 대학의 과학 교수 중에는 러시아의 선도 학자들이 많이 있었다. 화학자 드미트리 멘델레예프(오늘날에도 사용되고 있는 원소 주기율표를 만든 사람), '러시아 식물학의 아버지' 인 안드레이 베케토프, 물의를 일으킨 생리학자 이반 세체노프가 있었다.

"당시 교수진은 화려했다. 높은 과학적 권위를 가진 교수들과 강사로서 뛰어난 재주를 가진 교수들이 많았다."

그는 한 치의 의심 없이 루이스와 세체노프를 따라서 전공을 동물생리학으로 선택하고 연구에 열정을 다했다.

그러나 파블로프에게나 신학교 친구로 함께 대학에 입학했던 니콜라이 비스트로프에게나 대도시 생활은 대단히 힘들었다. 적은 학생 봉급으로 매우 어려운 환경과 딱딱한 대학 공부를 극복하려고 애썼다. 비스트로프는 신경 쇠약으로 고생하다가 곧 랴잔으로 돌아갔다. 1871년 4월, 대학에서 첫해가 끝나갈 즈음에 파블로프에게도 문제가 발생했다. '신경 장애' 라는 진단을 받은 것이다. 그래서 5월 중순에 2학년으로 진급하는데 필요한 시험을 치루지 못하고 랴잔으로 돌아갔다.

파블로프는 여름 동안 회복한 뒤 8월 중순에 동생 드미트리와 함께 상트페테르부르크로 돌아왔다. 랴잔에 있을 때 드미트리는 항상 그를 돌봐 주었는데 상트페테르부르크에서도 외투에 떨어진 단추를 달거나, 버젓한 아파트를 구하거나, 학생 봉급에 맞는 먹거리가 있는 식당을 찾아내거나 하는 일을 도맡아 했다. 드미트리도 상트페테르부르크 대학교에 입학해서 유명한 멘델레에프 지도하에 화학을 공부했다. 매력적이고 사교적인 그는 곧 아

원소 주기율표 창시자인 드미트리 멘델레예프는 파블로프가 상트페테르부르크 대학교의 학생이었을 때에 화학 교수였다.

파트를 파블로프와 친구들에게 안락한 사교 중심지로 만들었다. 파블로프의 나머지 일생은 이런 식으로 돌봐줄 누군가가 항상 있었다.

치온 교수와의 만남

드디어 파블로프는 첫 학년의 시험을 쉽게 통과했고 시간을 오로지 새로 결성한 크루츠훅(그의 비공식적인 토론 모임)과 대학 공부에만 전념했다. 만일 세체노프와 공부하기를 희망했다면 실망했을 것이다. 이 유명한 생리학자는 대학 당국과 싸운 뒤에 사직했기 때문이다.

새로운 생리학 교수는 똑똑하고 특이했지만 운이 나쁜 생리학자로 파블로프보다 겨우 6살 많은 이랴 치온이었다. 치온은 파블로프를 단 2년 동안만 지도했지만, 오랜 세월이 지난 후에 다음과 같이 말했다.

"그런 선생님은 인생 전반에 걸쳐 잊을 수 없는 사람이다."

"치온 교수가 가장 복잡한 문제들을 간단하고 노련하게 강의하는 것에 놀랐다. 실험을 수행하는 능력이 진짜 뛰어났다."

과학자가 동물에 대해 공부하는 방법은 여러 가지로 그 당시 생리학자들은 수 많은 연구법을 시도했다. 어떤 생리학자는 '축소주의자'의 관점으로, 동물을 연구하는 가장 좋은 방법은 가장 간단하고 가장 기본적인 부분으로 세분하는 것으로 세포를 연구해야 한다고 생각했다. 동물은 단

축소주의
복잡한 전체를 가장 단순한 부분들로 설명할 수 있다는 철학적 견해.

지 세포 덩어리로 일단 하나의 세포가 어떻게 작동하는지를 알면 전체 동물에 대해서도 쉽게 이해할 수 있을 것이라고 여겼다. 더 나아가 어떤 학자는 세포를 단지 원자나 화학 물질로 여겼다. 그런 학자들은 물리학자이며 동시에 화학자였다.

치온은 축소주의식 접근법에 동감하지 않았다. 스승인 프랑스의 위대한 생리학자인 클라우디 버나드의 견해처럼, 생리학자란 더 높은 차원인 동물의 기관, 예를 들어, 심장, 소화계, 뇌를 연구해야 한다고 생각했다. 이런 기관이 동물 체내에서 기본 기능인 혈액을 순환시키고, 음식을 소화시키고, 생각과 감정을 만들어 내는 등의 일을 하기 때문에 이런 과정을 이해하려면 직접 이 기관을 가지고 연구해야 한다고 여겼다. 화학과 물리학은 생리학자에게 도움을 줄 수도 있지만 동물을 움직이게 하는 근본적인 질문에는 답을 하지 못한다. 즉 동물 체내에서 어떻게 혈액이 몸 전체로 흐르게 하는가, 어떻게 섭취한 음식이 에너지로 전환되는가, 어떻게 학습하고 어떻게 환경에 반응하는가에 관한 질문을 해야 한다고 했다.

생체 해부 실험의 매력

그렇다면 생리학자가 어떻게 동물의 기관을 연구할 수 있을까? 버나드처럼 치온도 생체 해부(살아 있는 생물 해부하기)와 실험을 통해서 답을 얻었다. 예를 들어, 만일 어떤

생체 해부
살아 있는 동물을 절개하거나 절단하는 과학적 과정.

신경이 심장의 박동을 조절하는지를 알고 싶다면, 동물을 수술해서 심장 박동을 조절할 것이라 예상되는 신경을 자른 뒤 그 결과를 관찰하는 것이다. 세체노프는 피를 보는 것을 극히 싫어 했다. 살아 있는 동물의 생체 해부도 겨우 마지못해서 했다. 그래서 그는 비교적 크기가 작은 개구리로만 실험했다. 그러나 치온은 사람을 더 많이 닮은 큰 포유류인 토끼, 고양이, 개 등을 대상으로 해부 실험하는 방법을 학생들에게 보여 주었다. 이런 수술을 하려면 신경이 무디고 수술 기술도 좋아야 했다.

파블로프는 후에 스승에 대해 인상 깊었던 한 가지 일화를 자세히 얘기했다. 치온은 상류 사회와 공식적인 행사를 좋아했다. 어느 날 가장무도회에 초대 받았는데 시간을 혼동하여 그날 밤에 중요한 생체 해부를 하기로 되었다. 무도회에 빠질 수도 없었고 해부를 연기할 수도 없었다. 그는 실크 모자를 쓰고 흰 장갑을 끼고 코트를 입고 실험실에 왔다. 장갑도 벗지 않은 채 실험 동물의 위에 복잡한 수술을 서둘러 했다. 수술을 끝낸 후 파티에 가려고 문을 박차고 나설 때, 양쪽 장갑과 셔츠에는 얼룩 하나 남지 않았다. 그의 수술 기교를 보여 주는 극적인 예이다. 치온의 지도하에 파블로프는 노련한 외과의사가 되었다. 파블로프는 양손잡이였다. 즉 양손을 똑같이 잘 사용해서 수술 도중에 양손으로 잘 자를 수 있었다.

대학생이었던 파블로프는 치온 가까이서 일했다. 그의 생리학 강의를 듣고 저녁에도 대부분 치온의 작은 실험실

상트페테르부르크 대학교에서 파블로프는 생리학을 전공으로 선택했다. 대학을 마치기 전에 '신경 쇠약'으로 고생하고, 다른 분야의 과학 연구에도 헌신했기 때문에 1년을 더 다녀야 했다.

1910년, 상트페테르부르크 대학교 구내 식당에
앉아 있는 학생들.

에서 보냈다. 스승과 마찬가지로 소화 기관과 심장에 대해 연구했다. 대학을 졸업하기도 전에 실험 결과를 상트페테르부르크의 과학 학회에 발표했다. 그 중의 어떤 보고서로 대학교 내 대회에서 금메달을 받았다. 그러나 실험에 너무 많은 시간을 보냈기 때문에 필수 과목을 끝내고 졸업하는 데 일년이 더 걸렸다.

생리학자가 되고 싶은 파블로프에게 닥친 시련

이제야 파블로프는 생리학자가 되고 싶다는 소망을 확실히 알게 되었다. 먼저 의과 대학을 졸업한다면 생리학 교수라는 얻기 힘든 직업을 갖게 될 기회가 올 것이라는 점도 알게 되었다. 그래서 대학을 졸업한 후에 러시아에서 가장 좋은 의과 대학인 상트페테르부르크의 군의사관학교에 가기로 결심했다. 치온 교수도 그곳에서 근무하기 때문에 훌륭한 수제자를 자기 실험실의 조교로 일하도록 초대했다. 모든 것이 잘 돌아가는 것처럼 보였다.

그러나 곧 재앙이 끼어들었다. 오랜 세월이 지난 후에 파블로프는 씁쓸하게 회상했다.

"엄청난 일들이 일어나서 가장 천재적인 생리학자 치온 교수가 학교에서 쫓겨났다."

치온의 경력은 끝이났고 파블로프는 친애하는 스승을 빼앗겼다. 어떻게 교수가 자기 직장에서 쫓겨날 수 있을까? 과학과 가르치는 일은 사람이 하는 일이기 때문에 많은 논쟁과 격한 대립 감정을 일으킬 수 있다는 사실이 그 대답이었다.

많은 사람들은 치온을 싫어했는데 여러 가지 이유가 있었다. 그 중 한 가지 이유는 건방지고 냉정한 인상을 주기 때문이었다. 급진주의자와 자유주의자들이 그를 싫어하는 이유는 러시아의 현존하는 사회적, 경제적 질서를 바꿔야 할 필요에 대해서 그들과 의견을 달리 했기 때문이었다. 또 자본주의에 대한 세체노프의 사상을 무시했기 때문이다. 치온은 영혼이나 자유의지가 실제로 존재하는지 아닌지는 고사하고, 우리 신체 내에서 생각과 감정이 어떻게 순전히 물리적인 과정과 연결되어 있는지를 생리학자들은 절대 밝혀낼 수 없다고 믿었다. 생각과 감정은 만지거나 볼 수 있는 물리적인 성질이 아니었다. 만질 수도 볼 수도 없는데, 어떻게 진짜 과학적인 방법으로 연구할 수 있을까? 치온은 강의나 글에서 생리학을 '유물론적이고 급진적인 과학'이라 생각하는 모든 이들과 세체노프를 비판했다. 치온은 또한 젊은 파블로프에게 적어도 한동안 그런 과목에 대한 관심을 버리고 심장과 소화계 연구에만 집중하라고 강조했다. 급진적 자유주의 잡지들은 치온이 나쁜 과학자이며 부정직한 사람이라고 비난하는 글을 실었다.

치온의 정치적 견해를 좋아하던 많은 보수주의자들도 그가 유태인이기 때문에 지지하지 않았다. 러시아에서는 반유대주의가 강했는데 치온은 대학 내에서 단 두 명의 유대인 교수 중 한 사람이었다. 마지막으로 치온이 학점을

반유대주의

인종적, 종교적, 경제적인 이유로 유대인을 배척하려는 사상.

잘 주지 않았기 때문에 의과 대학 수업을 듣던 학생들은 분개했다. 군의사관학교에서 교수들은 시험 성적과 별개로 모든 학생에게 C학점 이상을 보장해 주었다. 그러나 치온은 생리학에서 100명 이상의 학생을 낙제시켰다.

이 모든 이유 때문에 학생들은 치온에 대항하여 시위를 벌였고, 많은 사람들이 그를 해고시키라는 학생들을 지지했다. 그가 강의를 하려고 하자 성난 학생들이 계란과 오이 세례를 퍼부었다. 처음에 정부는 포진당한 교수를 지지하여 시위하는 학생을 체포하고 강의실의 질서를 잡기 위해 무장 군인을 주둔시켰다. 그러나 1874년 가을, 시위는 점점 거세져서 상트페테르부르크 대학교와 군의사관학교 그리고 그 도시의 다른 고등 기관까지 문을 닫게 되었다. 치온의 지지 세력은 자취를 감추었다. 정부 당국은 그에게 휴가를 떠나라고 부탁했고 다시 불러들이지 않았다.

물론 이런 모든 상황이 파블로프에게 파국을 몰고 왔다. 친애하는 스승은 모욕을 당하고 파멸되었으며 자신의 계획도 산산조각이 났다. 그는 치온을 옹호하는 몇 안 되는 방어자였기 때문에 다른 학생들에게 거의 스파이 취급을 당했다고 50년이 지난 후에도 기억했다. 지독히 충실했던 그는 치온을 대신하여 새로 부임한 생리학 교수와 함께 일하기를 거부했다. 치온 실험실에서 한 연구로 금메달을 타게 되었음에도 시상식에 불참했다.

그 뒤 15년 동안은 매우 어려웠다. 1880년 의대를 졸업하고, 지도해 줄 좋은 스승도 없이 고급 의학을 공부했다.

심장과 소화계에 대해서 많은 논문을 발표했지만 공석인 생리학 교수의 자리는 강력한 지도 교수를 가진 다른 후보에게 돌아갔다. 한때 그는 너무 풀이 죽어 자기가 죽어가고 있다고 생각했다. 그러나 그 어려운 시간 동안에도 그의 생애에 매우 중요한 세 가지 일이 생겨서 더 좋은 날들을 위해 참고 견딜 수 있었다.

세라피마와의 만남과 결혼

첫 번째는 젊은 여성 세라피마 카체프스카이아와의 만남이다. 그녀는 지방에서 상트페테르부르크로 시대의 조류를 따라왔고, 파블로프를 좋아하게 되었다. 세라피마의 아버지는 그녀가 10살 때 돌아가셔서 작은 학교 교장이었던 어머니 혼자서 그녀와 4형제를 길렀다. 세라피마는 이미 10살 때 가정교사로 돈을 벌기 시작했다. 그러면서도 우등생이었다. 파블로프와 달리 피사레프나 유물론의 영향을 받지 않았고 신앙심이 깊은 여성이었다. 그러나 그녀도 당시의 급진적인 사상, 특히 여성의 평등을 주장하는 사상에 영향을 받았다. 용기를 내어 여성의 대표자 회의에 도전했고 출세를 추구했다.

1870년대에 러시아에는 또 다른 사회 운동이 널리 퍼지고 있었다. 바로 '국민에게 가자' 란 운동이었다. 교육받은 다수의 젊은이는 많은 러시아 사람들이 가난하고 배고프고 문맹인데, 자신의 출세만을 추구하는 것은 이기적이라

도스토예프스키
(1821~ 1881)
19세기 러시아 리얼리즘 문학의 대표 소설가. 대표 작품으로 『죄와 벌』, 『카라마조프의 형제들』 따위가 있다.

투르게네프(1818~1883)
러시아의 소설가. 주로 농노 해방을 전후한 시기를 소재로 러시아의 전원을 묘사했다.

고 생각하게 되었다. 그래서 자신이 가지고 있는 기술을 대다수의 가난한 농민을 위해서 쓰기로 결심했다. 젊은 의사들은 농촌에서 의술을 펼치기 위해서 시골로 갔고, 농민들에게 책읽기를 가르치며 일생을 보내기로 결심했다. 러시아의 문호 안톤 체크호프가 이 운동에 합류했다. 그의 작품은 주로 불모의 시골에서 의술을 펼치는 자신 같은 의사에 대한 이야기이다. 파블로프의 아버지처럼 세라피마의 어머니도 딸이 고향을 떠나지 않기를 바랐다. 그러나 이 독립심 강한 젊은 여성은 1878년 상트페테르부르크로 떠나 교원 양성 과정에 등록했고, 그 뒤 '국민에게 가자' 운동에 참여했다. 상트페테르부르크에 있는 동안 세라피마는 가난한 학생을 위해 기금 모으는 행사를 여러 번 개최했는데, 그중에는 위대한 문호인 표도르 도스토예프스키와 이반 투르게네프가 대중 앞에서 낭독하는 차례도 있었다.

1879년 세라피마와 파블로프를 두 사람의 지인이 서로 소개시켜 주었다. 곧 서로 좋아하게 되었지만 파블로프는 너무 수줍어서 데이트를 신청하지 못했다. 사실 그는 세라피마가 부잣집 딸인 줄 알고 자기를 업신여길까봐 겁이 났다. 그래서 여름 방학에 그녀가 고향으로 가려고 할 때까지 기다렸다가 편지를 써도 괜찮겠냐고 물었다. 승낙을 받자마자 곧 자기가 쓴 『덫』이란 잡지를 보내기 시작했다. 이 수줍은 청년은 여기에다 인생, 문학, 과학, 최신의 사건들에 대한 모든 생각과 느낌을 쏟아 부었다. 세라피마는

결혼 직후 세라피마와 파블로프.
이들은 각자 제멋대로 하는 일에 익숙해져 있었기 때문에
결혼이 지속되지 않을 수 있다고 남동생 드미트리는 걱정
했다.

모든 편지마다 답장을 보냈다. 가을이 되어 상트페테르부르크로 돌아왔을 때 둘은 헤어질 수 없게 되었다. 바로 결혼하고 싶었지만 결혼식을 1881년까지 잠시 미루기로 했다. 세라피마가 '국민에게 가자' 임무를 채우기 위해서 먼저 시골에서 한 해를 보냈다. 파블로프는 박사 학위 논문을 끝내려고 서둘렀지만 예정보다 훨씬 오래 걸렸다(대형 연구 계획은 종종 그렇다). 그는 학위 논문을 결혼 후 2년이 지난 1883년 완성했다.

이 젊고 이상적인 부부는 마음 속에 있는 모든 것을 서로 의논했다. 예를 들어, 진실한 사랑의 본질이나 도스토예프스키의 최신 소설, 과학적 발견들, 매일매일의 사건 등에 대한 모든 것들이었다. 러시아를 변화시키기 위해서 많은 일을 했던 알렉산더 2세가 1881년 상트페테르부르크에서 마차를 타고 가던 길에 폭탄 테러를 당했다. 그가 암살되었을 때 파블로프와 세라피마는 공포에 휩싸였다.

과학자가 된다는 것은……

결혼 전 몇 년 동안 서로 헤어져 있을 때는 거의 매일 편지를 주고받았다. 세라피마에게 보낸 파블로프의 편지를 보면 그의 성격과 열망을 잘 알 수 있다. 파블로프는 모욕감(진짜 또는 상상이라 하더라도)에 대해서 굉장히 민감했다.간혹 '불쾌하기 짝이 없는 비난' 이라며 때로는 어떻게든 다른 사람들과 멀리 떨어져 있고 싶다고 고백했다. 자기의 큰 장점은 정직성과 진실을 지키는 것으로, 이는 '나에게 신과 같은' 것이라고 설명했다. 또한 '그러나 상황은 변할 수도 있어서, 나에게 중요한 것은 내 행동의 공정성을 내 스스로 의식하는 것이오' 라고 적었다.

과학자가 되는 것은 진리를 추구하는 길일 뿐 아니라, 올바르게 사고하는 법을 배우는 길이기도 하다고 여겼다. 더 어렸을 때는 자기가 전혀 모르는 주제에 대해서 많은 시간 동안 열정적으로 논쟁하곤 했었다고 회상하며 이제부터는 '성숙한 마음' 을 발전시키려 하고 있었다. 참된 진리는 얻기 어려웠다. 참된 진리를 찾으려면 한 특정 분야에서, 작은 분야에서라도 전문가가 되거나, 그 분야에 열정적으로 흥미를 갖거나, 과학적인 실험 과정을 검토하고 또 검토해야만 한다.

"사고한다는 것은 한 주제에 대해 지속적으로 조사하고, 그 주제를 항상 마음에 품고, 그것에 대해 쓰고, 말하고, 논쟁하고, 서로 다른 각도에서 접근하는 것이다. 다른 의견에 대한 이유를 종합하여 모든 결함을 제거하고, 의견 차이가 있으면 인식하는 것이다."

간단히 말해 '진지한 지적 노력의 슬픔과 기쁨을 경험' 해야 한다. 사고하는 법을 배우기 가장 좋은 장소는 과학 실험실로 파블로프는 '뇌를 위한 학교' 라고 불렀다.

뇌의 사고와 감정을 형성하는 법을 이해하고자 했던 세체노프의 오랜 꿈을 파블로프는 포기하지 않았지만, 실험 과학이 그런 복잡한 주제에 달려들 준비가 되어 있는지 의

혹을 품었다.

"인간의 생명에 대한 과학은 어디에 있을까? 그런 과학이 존재한다는 기미조차도 없다. 물론 앞으로 나오겠지만 당장은 아니다, 당장은 아니다."

파블로프 부부에게 닥친 어려움과 희망

이렇게 애정 깊은 부부였지만, 결혼 후 10년 동안 많은 어려움을 겪고 큰 비극을 한 차례 맞았다. 그들은 매우 가난했다. 한때는 파블로프의 동생인 드미트리와 함께 살기도 했고, 도시에서 가장 빈곤한 지역의 아파트에서 세를 살기도 했다. 어느 날 아침, 세라피마는 일어나서 갓 태어난 아들을 보았더니 아들 블라디미르가 피를 빨아먹는 이로 범벅이 되어 있었다. 당장 이들은 세라피마와 블라디미르가 세라피마의 언니가 사는 시골에서 사는 것이 건강에도 좋고 돈도 덜 들 것이라고 결정했다. 그러나 거기서 블라디미르는 병에 걸려 죽었다. 부모는 비탄에 잠겼다. 파블로프는 연구에 몰두했고, 세라피마는 열정적으로 동방정교회를 믿게 되어 매일매일 끊임없이 기도하며 지냈다. 2년 후에 둘째 아들이 태어났고 이름을 또 블라디미르라 지었다.

파블로프는 좋은 직장을 구하는 중에도 강의를 하면서 돈을 벌었다. 1878년부터 1890년 사이에 일했던 직장은 월급은 적게 주었지만 결국에는 커다란 행운을 가져다주

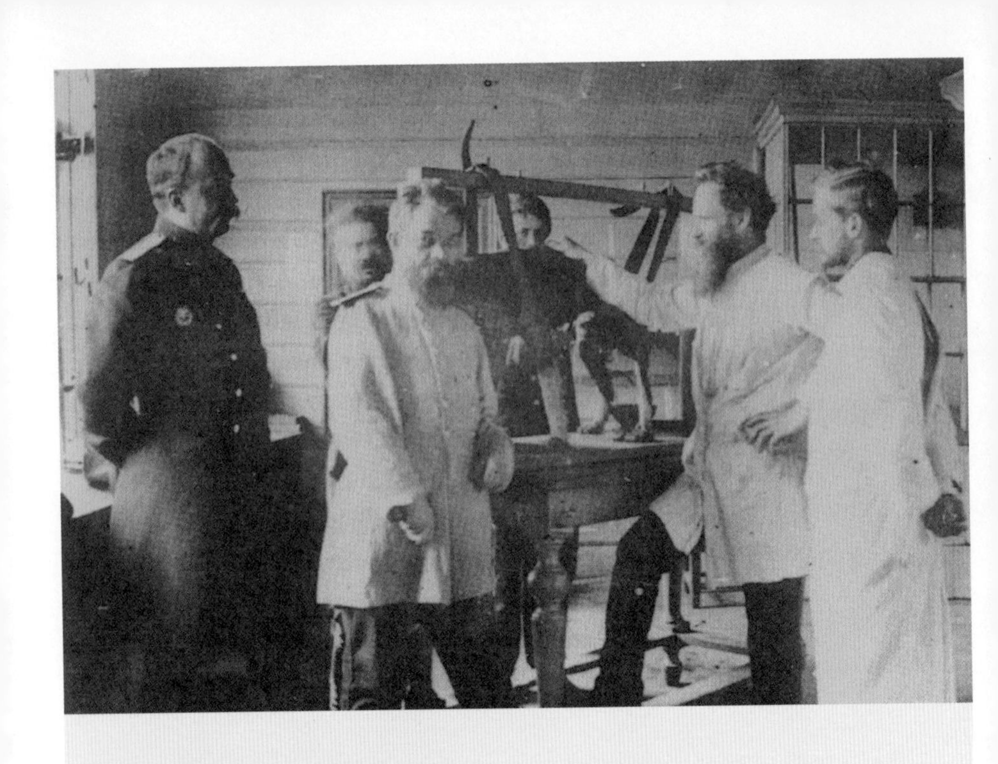

군의사관학교의 보트킨 실험실에 있는 파블로프(오른쪽에서 두 번째). 보트킨의 실험을 감독하면서 자신의 연구를 위한 설비에 접근할 수 있게 되었다.

었다. 군의사관학교의 내과 교수이며 차르 부인의 주치의였던 세르게이 보트킨은 여러 가지 약들이 동물에게 어떻게 영향을 미치는지를 실험하기 위해서 작은 실험실을 꾸미기로 했다. 보트킨 자신은 너무 바빠서 실험실을 운영할 수 없으므로 한 젊은 의사에게 누구를 고용해야 할지 물었다. 그 의사는 자기의 좋은 친구인 파블로프를 추천했다. 이렇게 되어 파블로프는 보트킨의 실험실 연구 감독직을 맡게 되었다. 더불어 자기 자신의 연구를 위해서 실험실내 장비들을 사용할 수 있게 되었다. 또 하나의 장점은 세라피마가 아프면 차르 가족 주치의의 의료 편의를 받을 수 있고 파블로프가 실험실을 운영하는데 중요한 경험을 쌓게 되었다는 점이다. 마지막으로 보트킨은 매우 영향력 있는 여러 사람에게 파블로프를 소개시켜 주었다.

이 역경의 시절에 또 다른 사건은 파블로프와 세라피마가 2년 동안 서부 유럽으로 가게된 것이다. 1884년 세 명의 학생이 서구에서 과학 공부를 계속할 수 있는 장학금을 받았는데 파블로프도 그 중 한 명이었다. 파블로프는 독일로 가서 선구적인 생리학자인 루돌프 하이덴하인과 칼 루트비히와 연구하는데 그 장학금을 썼다. 이들과 심장과 소화계에 대한 공통적인 관심사에 대해 의견을 나누었다. 더 중요한 것으로 유럽 최고의 두 실험실이 어떻게 갖춰져 있는지를 알게 된 것이었다. 하이덴하인과 루트비히는 작은 방 하나에서 혼자 일하지 않았다. 조수가 많았고 모든 종류의 현대식 장비들을 갖추고 있었다. 그러므로 파블로프가 알고 있던 초라한 러시아 실험실의 과학자들보다 훨씬 더 효과적으로 일할 수 있었다.

단기 실험법의 한계

적절한 장비가 없다면 어떤 일이라도 잘하기는 어렵다. 과학도 예외는 아니다. 1880년 연말 즈음에 파블로프는 보트킨 실험실 내 장비를 사용하는데 한 가지 문제가 생겨서 점점 낙담하게 되었다. 거기서는 '정상적인' 동물을 대상으로 실험하는 것이 불가능하고 어려웠다. 파블로프가 좌절한 이유는 생리학자라면 동물 기계가 어떻게 작동하는지를 알 수 있어야 한다고 생각했기 때문이다.

파블로프에게 생리학자란 단기 실험이나 장기 실험을 집도할 수 있어야 했다. 각각의 실험을 통해 여러 종류의 지식을 얻을 수 있다. 단기 실험에서 생리학자는 어떤 식으로든 동물에게 수술을 하여 당장 그 결과를 관찰한다. 예를 들어, 동물의 위 속에 있는 음식물에 무슨 일이 일어났는지를 알고자 한다면, 생리학자는 동물에게 먹이를 주고 어느 정도 기다렸다가 개복하여 위 속의 내용물을 관찰하면 된다. 물론 그런 단기 실험 동안, 그 동물은 피를 흘리고 고통에 몸부림친다. 때론 조용히 시키기 위해 약물을 투여하기도 했다. 두 실험의 경우 모두 실험을 하는 동안 생리학자들이 보는 것은 수술 그 자체의 결과라고 파블로프는 생각했다. 동물은 매우 복잡한 기계와 같으므로 의심

단기 실험
수술 중이나 수술 직후에 동물을 대상으로 하는 실험.

장기 실험
동물이 수술에서 회복한 후에 시작하는 실험.

할 바 없이 수술의 고통과 정신적 충격이 동물의 모든 생명 과정에 영향을 주었다. 단기 실험은 시계 속의 톱니나 용수철이 어떻게 작동하는지 보기 위해서 시계를 망치로 부수는 것과 같다. 이런 식으로 '톱니와 용수철'의 모양에 대해 알아낼 수 있는 것처럼 과학자들은 동물의 각 부분들에 대해 무엇인가를 찾아낼 수는 있지만, 정상적인 기능을 하는 동물이 실제로 숨쉬고 음식을 소화할 때 이 모든 부분이 함께 어떻게 작동하는지는 알 수 없었다.

개의 식욕 액을 증명하기 위한 장기 실험법

그렇다면 정상적인 기능을 하는 동물이 진짜로 어떻게 작동하는지를 알아내기 위해서 어떻게 실험을 할 수 있을까? 파블로프에게 답은 장기 실험이었다. 장기 실험의 주된 아이디어는 수술이라는 수단을 사용하여 동물을 일종의 살아 있는 실험 도구로 삼는 것이다. 먼저 동물에게 무엇인가를 바꾸거나 심는 수술을 했다. 그 다음 수술 받은 사람 환자처럼 그 동물을 회복시켰다. 동물이 회복된 후에야 실험을 시작했다.

예를 들어, 1889년 파블로프와 동료 에카테리나 슈모바-시모노프스카이아는 동물이 먹을 때 위의 분비선에서 흘러나오는 위액(위에서 음식을 소화시키는 액체)이 무엇인지 알고자 했다. 어떤 과학자들은 이 문제에 대해 연구하여 위 안의 음식물이 물리적 압력을 높여 위액을 생성하도

위액
위로 들어온 먹이를 분해하여 혈액으로 흡수될 수 있게 해 주는 물질.

위선
위액을 생성하고 분비하는 위에 있는 구조.

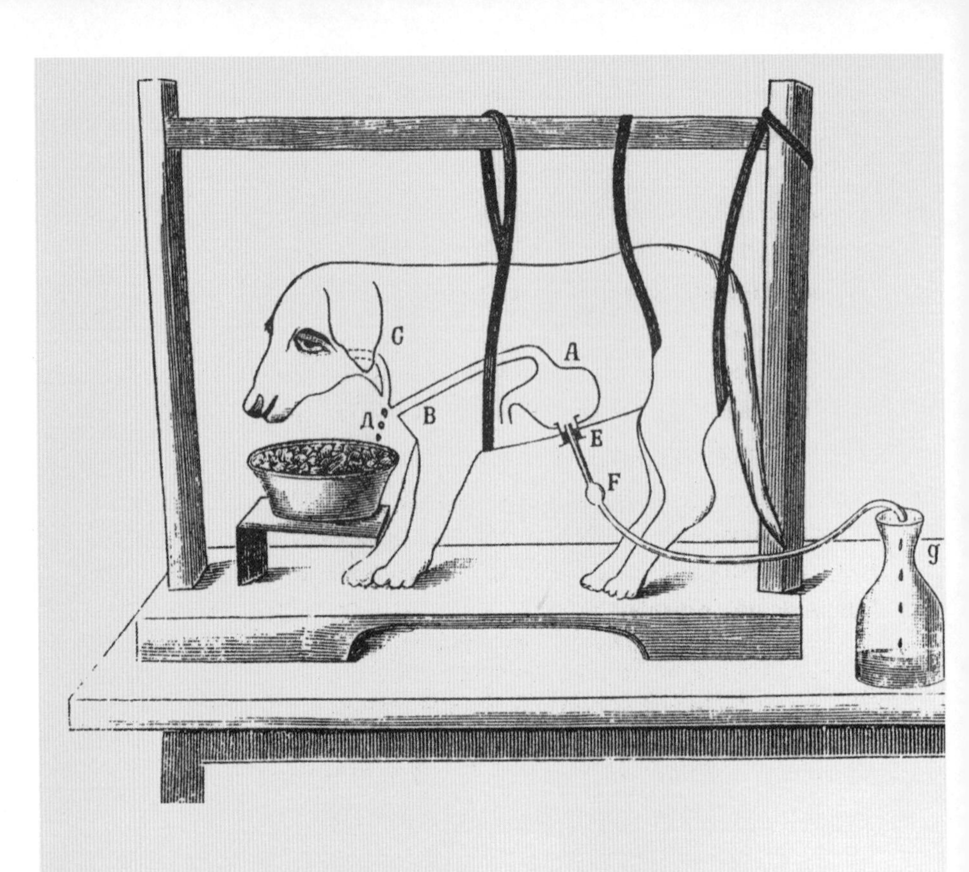

파블로프는 위장 누관 및 식도 절개 수술을 받은 개를 연구하여 소화에서 식욕의 역할을 증명했다. 1907년 러시아 의학 잡지에서 발췌한 이 그림을 보면 개가 먹이를 먹지만 이 먹이는 목에 있는 구멍(C)으로 떨어져 나오고 위에까지 도달하지 못한다. 그래도 '식욕 액'이 누관(E)을 따라 밖으로 흘러나온다.

록 한다고 결론을 내렸다. 파블로프는 동의하지 않았다. 그는 식욕(동물이 음식을 먹고자 하는 욕망과 먹었을 때의 기쁨)덕분에 음식이 실제로 위에 도달하기도 전에 위액이 흐른다고 생각했다. 어떻게 검증할 수 있을까?

파블로프의 해결책은 개에게 위액 누관을 삽입하는 수술을 한 뒤 식도를 절개하는 것이었다. 위액 누관은 얇은 관으로 위의 내부에서 몸 밖으로 나온다. 위에서 만들어 내는 모든 위액은 그 관을 통해서 흘러나온다. 그러면 병에 그 액을 모아서 분석할 수 있었다. 식도 절개는 더 복잡한 수술로 동물의 구강과 소화관을 분리시킨다. 그러면 동물이 섭취한 음식물이 위로 가지 않고 구멍을 통해 밖으로 떨어진다. 그 결과 동물이 음식물을 먹지만 절대 위로는 들어가지 않게 된다.

파블로프는 개에게 이런 수술을 하고 회복되기를 기다렸다가 실험을 시작했다. 그 개가 먹은 음식물이 절대 위로 들어가지 않았음에도 불구하고 위분비선에서 엄청난 양의 '식욕 액'을 만들어 냈다. 즉 위액은 식욕의 영향으로 만들어졌다.

장기 실험법을 이용하여 파블로프는 자신의 논점을 증명해 냈다. 식욕이 위액 생산을 촉진시킨다는 점을 부인하기 위해서 단기 실험법을 사용했던 과학자들을 비난했다. 파블로프에 따르면 이런 과학자들은 단기 실험에서 생긴 문제점에 속았던 것이다. 피를 흘리고 고통을 겪거나 또는 약물 처리한 개는 먹는 동안 쾌락을 경험하지 못하므로 어

누관
가느다란 관으로, 수술로 어떤 장기에 심으면 장기의 분비물이 관을 통하여 몸 밖으로 흘러나오게 된다. 그러면 과학자가 그 분비물을 분석할 수 있다.

식도 절개 수술
구강을 소화관에서 분리해내는 외과 수술. 동물이 삼킨 먹이가 위에 도달하지 않는다.

떤 '식욕 액' 도 만들지 않는다고 파블로프는 기록했다. 이런 실험을 통해 생리학자는 정상적인 개가 먹을 때 무슨 일이 일어나는지를 알 수 없을 것이다. 생리학자들의 단기 실험은 단지 동물 기계에서 '톱니와 용수철' 의 일부를 파괴시켰다는 것을 의미할 뿐이다.

깔끔하고 위생적인 실험실의 필요성

파블로프에게 문제는 장기 실험을 하기 위해 꼭 필요한 장비들과 개가 수술 후 회복될 수 있을 만큼 깨끗한 수술실이 필요하다는 점이다. 보트킨의 실험실은 작았고 장비도 빈약했다. 만일 어떤 특별한 도구가 필요할 경우에는 자체적으로 만들어야 했다. 더 심각한 문제는 위생 상태가 너무 불결하다는 것이었다. 그래서 대부분의 토끼나 개에게 어떤 복잡한 수술을 하더라도 감염되어 죽는 경우가 대부분이었다. 1882년 자신의 논문이 늦어지는 원인에 대해 세라피마에게 다음과 같은 편지를 썼다.

'어쨌든 내 탓은 아니요. 수술 후에 동물이 살아나지 않아도 되는 다른 실험을 해야겠군요.'

당시 과학자들이 믿기 어려운 현상들을 이제 막 받아들이기 시작했다는 점을 기억해야 한다. 즉, 작고 눈에 보이지도 않는 세균이 큰 동물들을 죽일 수 있다는 사실이다. 사람을 수술하는 의사들조차도 수술실을 어느 정도로 깨끗하게 유지해야 하는지 그리고 어떻게 깨끗하게 해야 하는지에 대해 아직도 논쟁 중이었다. 당시 외과 의사가 환자의 상처가 얼마나 아물었는지 보려고 닦지도 않은 손가락으로 찔러 보는 것은 이상한 일이 아니었다. 그래서 파블로프의 생각대로 실험 동물이 복잡한 수술 후에 정상적으로 살아남으려면 광범위한 기준이 꼭 필요하다는 것을 받아들이는 생리학 실험실은 이 세상에 단 한 곳도 없었다. 이런 기준은 파블로프가 제일 좋아하는 생리학 방식으로 장기 실험에 필수적이었다. 그러나 간단히 말해, 그는 자기가 원하는 식으로 생리학을 연구할 만한 편의 시설이나 자원을 갖지 못했다.

현대적인 생리학 실험실과 새로운 희망

40살이 되었을 즈음에 파블로프는 좋은 아이디어를 많이 가지고 있었지만 여전히 실패를 거듭하고 있었다. 돈이 거의 없었고 러시아의 대학들에 교수직을 얻으려고 응시했으나 두 번 모두 떨어졌다. 그가 하려고 했던 생리학 실험의 대부분은 솔직히 보트킨의 실험실에서는 불가능해서 귀중한 시간이 슬그머니 흘러가고 있었다.

'나의 시간과 힘을 생산적으로 쓰지 못하고 있다. 다른 사람의 실험실에서 일하는 것은 자기 자신의 실험실에서 학생들과 일하는 것과 절대로 같지 않기 때문이다.'

이런 글을 썼을 당시, 우연히 발생한 일련의 사건들로 인해 그의 직장 생활이 돌변하리라는 것을 그는 전혀 눈치

채지 못했다. 이 사건은 1885년 상트페테르부르크에서 플루토란 이름의 맹견이 한 군인 장교를 물었던 사건에서 시작되었다. 광견병은 끔찍한 질병으로 그 해까지만 해도 걸리면 치명적이었다. 그러나 1885년 파리에 사는 세균학자 루이 파스퇴르가 광견병 백신을 개발했다고 발표했다. 플루토 맹견에게 물린 사람은 운이 좋았다. 그의 상관은 알렉산드르 올덴부르크스키 왕자였다. 이 왕자는 부자였고 알렉산더 3세의 사촌으로 과학과 의학에 흥미가 많았다. 그는 자기 부하를 치료하기 위해 파리로 보냈을 뿐 아니라, 러시아도 백신을 자체적으로 생산할 수 있는 시설을 만들기로 결심했다. 몇 년 후에 파스퇴르가 계속해서 세균학을 연구할 수 있는 현대식 과학 센터인 파스퇴르 연구소가 설립되었는데, 이에 자극 받아서 왕자는 의학 연구에 헌신할 러시아 연구소를 최초로 세우는데 돈을 쓰기로 결심했다.

왕자는 자기의 실험의학연구소 준비를 도와줄 위원회에 러시아의 선도적인 의사와 과학자 몇 명을 임명했다. 파블로프도 포함되었는데 아마도 차르 부인의 주치의인 세르게이 보트킨 교수와의 친분 때문인 것으로 보인다. 왕자는 원래 연구소의 생리학 분야 우두머리로 다른 생리학자(파블로프보다 더 인기 있고 존경받는)를 임명하려 했다. 그런데 많은 사람들은 왕자가 의학에 대해 너무 몰라서 그가 운영하고자 하는 연구소는 모두 실패할 것이라고 확신했다. 때문에 그의 최고 고문은 사임했고 많은 과학자들이 왕자가

파스퇴르(1822~1895)
프랑스의 화학자이자 미생물학자. 부패나 발효가 미생물의 작용임을 설명했다. 저온 살균법과 탄저병과 광견병의 백신을 개발하여 면역학의 창시자가 되었다.

광견병
미친개에게 물리면 감염되는 바이러스성 질환.

백신
전염병을 막도록 면역력을 만들기 위해 투여하는 주사약.

주는 일자리를 거절했다. 파블로프의 도움으로 마침내 위원회가 조직되었고 왕자는 그를 연구소 생리학 분야의 우두머리로 임명했다.

불과 2년 전에 파블로프는 교수 자리에 두 번 시도하여 실패했다. 그러나 1891년에는 러시아에서 가장 크고 가장 현대적인 생리학 실험실의 우두머리가 되었다. 1880년대의 10년은 매우 어려운 시절이었다. 그러나 1890년대의 10년은 승리의 깃발을 올리는 시절이 될 것이다.

3

생리학 공장의 우두머리

군의사관학교에서 의대생에게 강의하는 파블로프.
학생 대다수에게 익숙한 개를 이용하여 실험을 보여 주는 것이 강의의 특징이다.

이제 파블로프는 생애에 처음으로 가족을 부양할 수 있었다. 또, 자신에게 꼭 맞는다고 느꼈던 과학적 관심사를 연구할 수 있는 재원을 갖게 되었다.

가장 행복했던 해

파블로프는 올덴부르크스키 왕자의 실험의학연구소로부터 아주 풍족한 월급을 받는 것 외에 군의사관학교의 교수직도 약속 받았다. 파블로프 가족은 빚을 청산하고, 연구소 바로 길모퉁이에 있는 넓은 아파트로 이사 갈 수 있었다. 세라피마는 교사직을 그만두고 출세한 교수의 부인으로 전업 주부가 되었다. 파블로프가 출세가도를 달렸기 때문에, 세라피마는 아기를 세 명 더 낳았다. 1890년에 베라, 1892년에 빅토르, 1893년에 브세보로드를 낳았다. 또한 몇 년 전까지 시동생 드미트리가 파블로프를 위해 하던 일을 떠맡았다. 그녀는 모든 집안일을 처리했으므로 파블로프는 과학에 집중할 수 있었다. 그가 재무를 다루는 데는 전적으로 무능하다고(아니면 아주 무관심했다) 입증되었기 때문에 그녀가 재무 관리도 했다.

그 당시 몇 년 동안, 세라피마는 교회에서 점점 더 많은 시간을 보냈다. 그녀는 친구에게 보낸 편지에 자신이 되찾은 종교적 신념 덕분에 장남 사망 후에도 제정신을 잃지 않았다고 털어 놓았다. 이제는 파블로프를 설득시켜 교회 예배에 같이 가려고 애썼지만 성공하지는 못했다. 파블로프는 드미트리 피사레프 및 1860년대 유물론에 매우 집착하고 있었다. 종교가 문화에 미치는 역할은 존중하지만(그리고 훗날 종교의 자유를 지지하여 비난 받았다), 신이나 어떤 교리도 믿지 않았다. 그는 신앙인들을 미신 없이는 생활을 영위할 수 없는 '연약한 부류'라고 생각했다. 이러한 사고방식의 차이에도 불구하고 파블로프와 세라피마는 아주 어려웠던 1880년대 후반의 성공의 첫 결실을 즐겼다. 세라피마는 나중에 1890년대를 항상 '가장 행복했던 해'로 기억한다.

규칙적인 일상생활과 연구

파블로프는 이제 연구 중심의 규칙적인 일상생활을 하게 되었다. 아침 7시 30분쯤에 일어나서 아침을 가볍게 먹고, 연구소 실험실로 가거나 또는 의대생을 가르쳐야 하는 날에는 군의사관학교로 서둘러 갔다. 실험실에서는 약 오후 6시까지 연구하고, 집에 가서 저녁을 먹었다. 저녁식사 후에 잠깐 눈을 붙였다가, 오후 8시 30분경에 다시 일어나 거실에서 차를 마시고 음악을 들으면서 휴식을 취했다. 저녁 늦게 가족들이 잠자리에 들면 다시 연구하며 글을 썼다. 그는 늦은 시간인 새벽 1시경에 잠을 잤다. 만년 몇 년 동안 세 곳의 연구소에서 연구를 이끌던 시절에는 일상생활을 약간 변경하기도 했다. 어떤 날은 점심을 먹으러 집으로 와서 연구실로 되돌아가기 전에 음악을 듣거나 예술

수집품들을 감상하며 시간을 보내곤 했다. 또한 육체 운동을 규칙적으로 하기 위해 시간을 냈다. 스포츠 센터에 가서 자전거를 타거나 크로스컨트리 스키를 즐겼다. 항상 연구소 세 곳과 집 사이의 상트페테르부르크 거리를 아주 활발하게 걸었다. 그의 일상생활은 아주 엄격하여 누군가가 일정에도 없이 담화하기 원했다면, 이렇게 산책하는 동안에만 시간이 있다고 종종 말했을 것이다. 많은 사람들은 그의 빠른 걸음을 뒤따라가기가 아주 어렵다고 말했다. 파블로프는 이렇게 하여 사람들이 시간을 낭비하지 않도록 했다. 그는 시간을 아주 귀중하게 여겼다.

파블로프의 실험을 도와주는 숙달된 연구자들

뜻하지 않은 두 번의 행운으로 파블로프의 실험실은 연구를 수행하기에 특별히 좋은 장소가 되었다. 첫째, 많은 사람들이 그와 같이 연구하기 위해서 왔다. 파블로프가 유명하기 때문이 아니라(그는 유명하지 않았다), 정부의 특별한 정책 때문에 온 것이다. 러시아 의사 대다수는 정부를 위해 일했는데, 그들 중 다수는 군대를 위해 일했다. 군인의 건강을 유지하고 상처를 치료하는 일은 어느 군대에서나 중요한 우선순위였다. 그 당시 의사들 다수는 과학적 훈련을 거의 받지 못했는데, '과학적으로 생각' 하는 법을 배운다면 의료 업무를 더 잘할 수 있으리라고 정부는 판단했다.

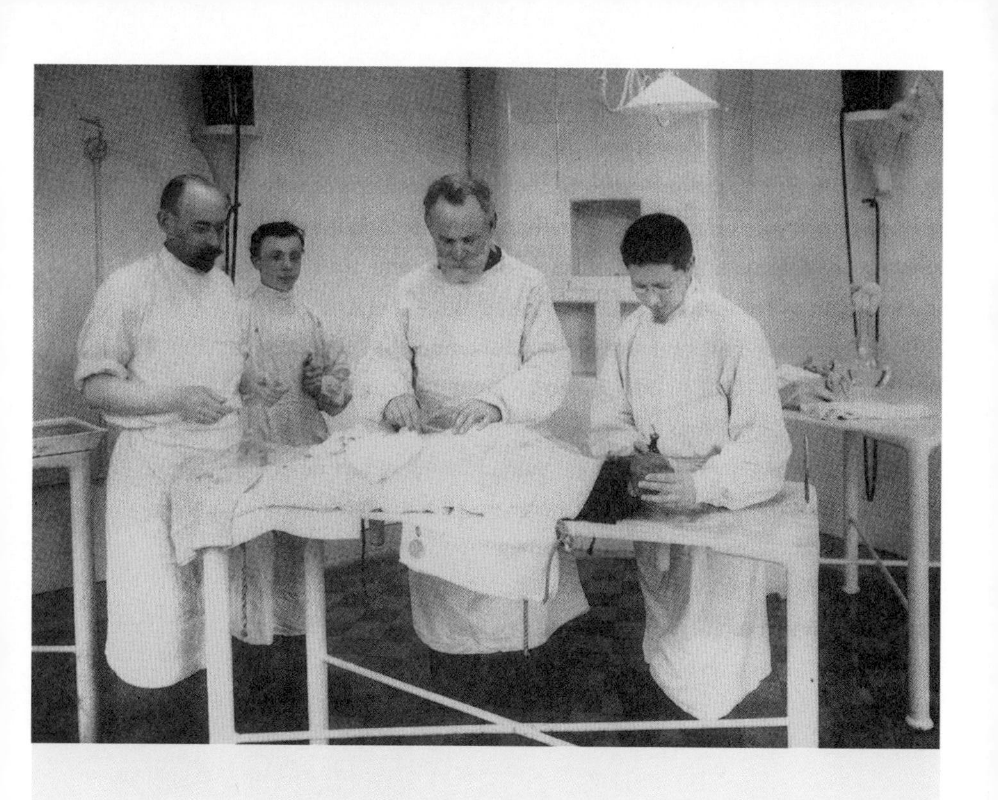

파블로프(중앙)와 공동 연구자들이 황제 실험의학연구소의 이층 종합수술실에서 개를 수술하고 있다.

그래서 정부는 어느 의사라도 과학 교육 과정을 밟으며 실험실에서 2년 동안 연구한다면 비용을 대기로 결정했다. 의사가 연구 계획을 가지고 박사 학위 논문을 쓰면, 훨씬 더 많은 월급, 더 좋은 직업, 기타 특권 등을 받았다. 그렇지만, 파블로프 실험실로 온 사람들은 생리학을 거의 알지 못했다. 무엇보다도 그들은 아주 단기간 내에 연구 계획을 확인하고 끝내는데 파블로프가 도와주기를 바랐다. 1891년부터 1904년까지, 이러한 공동 연구자 약 100명이 파블로프의 실험실 과정을 수료했다. 파블로프의 도움으로 그들 중 다수가 박사 학위 논문을 마칠 수 있었고 의사로서의 경력을 성공적으로 쌓아 올렸다.

이러한 제도도 파블로프 입장에서 보면 아주 좋은 기회였다. 그는 많은 아이디어가 있었지만 일손이 모자랐기 때문에, 그토록 많은 사람이 자신의 연구를 도와주게 되어 행복했다. 파블로프는 이들 공동 연구자를 '숙달된 손'이라 불렀다. 그 자신은 보통 '머리'를 제공했다. 파블로프와 경험이 풍부한 보조원은 개를 수술한 뒤, 공동 연구자들에게 앞으로 해야 할 일을 알려 주고, 실험을 감독하고 결과를 해석했다. 파블로프의 '숙달된 손'들은 수백 마리의 개로 실험을 수천 번 수행하여, 파블로프가 혼자 일했을 때보다 훨씬 더 많은 정보를 그의 창조적인 '머리'에 주었다.

이런 식으로 편성된 실험실 작업은 공장의 생산 공정을 빼 닮았다. 파블로프는 아주 엄격한 관리자였다. 만일 그의 '숙달된 손' 들이 우두머리가 원하는 대로 정확하게 연구하지 않는다면, 그들이 수행한 실험은 쓸모없는 것이 될 것이다. 그러므로 파블로프는 새로 온 연구자들을 한두 달 동안 시험한 후에 연구 제목을 부여했다. 거듭 생각한 끝에 최상의 연구자에게 가장 중요한 연구 제목을 주었다. 무엇보다 기간 엄수 및 정밀성을 요구했다. 어떤 공동 연구자는 '실험실이 시계 장치처럼 돌아갔다' 라고 표현했다.

매일 아침 파블로프는 실험실에 도착하여 외투걸이를 조사했다. 만일 어떤 공동 연구자가 지각이라도 하면(외투가 없으면 증명된다), 파블로프의 폭발적인 노기를 듣게 되었다. 공동 연구자 중 한 명은 아침에 인상적으로 들어오는 파블로프에 대해 이렇게 남겼다.

"그가 실험실로 들어올 때, 아니 더 정확하게는 뛰어 들어올 때 힘과 에너지로 나부꼈다. 실험실은 정말로 활기를 띠게 되어, 고조된 분위기와 연구 속도는 파블로프가 퇴근할 때까지 유지되었다. 그는 자신의 아이디어를 전부 실험실로 가져왔다. 떠오른 모든 생각을 모든 공동 연구자와 의논했다. 의논이나 논쟁을 좋아하여 그들을 부추기곤 했다."

파블로프는 공동 연구자들의 실험을 감독하면서 실험실

노벨의 기부금으로 건설된 이층 석조 실험실. 맨 오른쪽의 건물에서 모든 과학적 배분이 처음으로 이루어졌다.

을 왔다갔다 했다. 때로는 공동 연구자의 실험 기록(실험 결과) 일지를 집어 들고 실험 결과에 대해 질문하여 그들이 정확하게 알고 있는지를 시험했다. 만약 알지 못하거나 경솔하게 실험을 수행했다면 스스로 잘못을 느끼도록 사람들을 모아 놓고 호되게 꾸짖었다. 파블로프는 토론 시간을 정하여 그 시간에 모든 공동 연구자들이 각자의 실험 결과나 아이디어를 발표하여 공유하게 했다. 누구나 파블로프의 생각과 다를 수도 있었지만 비밀은 용납되지 않았다. 마침내 공동 연구자가 실험을 완수하여 논문을 쓰면, 파블로프 앞에서 크게 소리 내어 읽었다. 파블로프는 모든 결과와 아이디어를 분석했다. 그래서 어떤 문제가 발견되면 실험을 다시 하라고 요구했다. 이러한 방식으로 실험실의 '머리'는 끊임없이 '숙달된 손'들의 활동을 지도했다.

특별 수술실을 갖춘 생리학 실험실

두 번째 행운이 일어날 때까지 파블로프 실험실은 이 새로운 공동 연구자들로 아주 붐비게 되었다. 1893년에 박애주의자인 앨프레드 노벨(다이너마이트를 발견하여 행운을 얻었던 과학자)이 파블로프가 실험실 규모를 두 배로 늘릴 만한 어마어마한 돈을 기부했다. 다시 말하자면, 파블로프는 적시, 적소에 필요한 사람으로 입증된 것이다. 노벨은 늙어 가고 병이 들었기 때문에, 생리학자들이 소화 문제나 일반적인 생명력 쇠퇴를 포함하는 특정 건강 문제점들을

노벨(1833~1896)
스웨덴의 공업 기술자이자 화학자. 다이너마이트, 무연 화약 따위를 발명했고, 노벨상을 창설했다.

연구하기를 바랐다. 혹시 이 연구소에서 건강한 동물의 소화계를 아픈 동물에게 이식할 수 있는지, 혹은 건강한 동물(노벨은 기린을 암시했다)의 피를 수혈하면 아픈 동물을 치료할 수 있는지에 관한 실험가능 여부를 기부금을 동봉한 편지에 썼다. 노벨의 두 번째 아이디어를 연구하기 위해 파블로프는 개 두 마리의 순환계를 함께 꿰매 실험을 시도했다. 그러나 이 실험은 계속 실패를 거듭하여 연구를 포기했다.

파블로프는 노벨이 기부한 돈으로 정확하게 자신이 바랐던 실험실을 세웠다. 이층 석조 건물로 지하실에 개사육장이 있고, 1층에 실험실용 방이 세 개, 2층에는 실험동물을 위한 수술실 및 회복실이 있었다. 파블로프는 특히 2층을 세계 최초의 '특별 수술실을 갖춘 생리학 실험실' 이라고 부르며 자랑스러워했다. 이 수술실은 주도면밀하게 설계되었다. 개를 수술하는 수술실과 장기 실험을 위한 회복실까지 구비했다. 첫 번째 방에서 개들을 씻어 말리고, 두 번째 방에서 수술을 준비하고, 세 번째 방에서 수술을 했다. 별도의 방에는 모두 실험 도구를 소독하고, 수술자가 손을 씻고, 깨끗한 옷을 갈아입게 했다. 수술실 옆에는 개 한 마리당 회복실이 각각 있었다. 달리 말하자면, 파블로프의 개는 훌륭한 병원의 환자처럼 수술 받고 간호를 받았다.

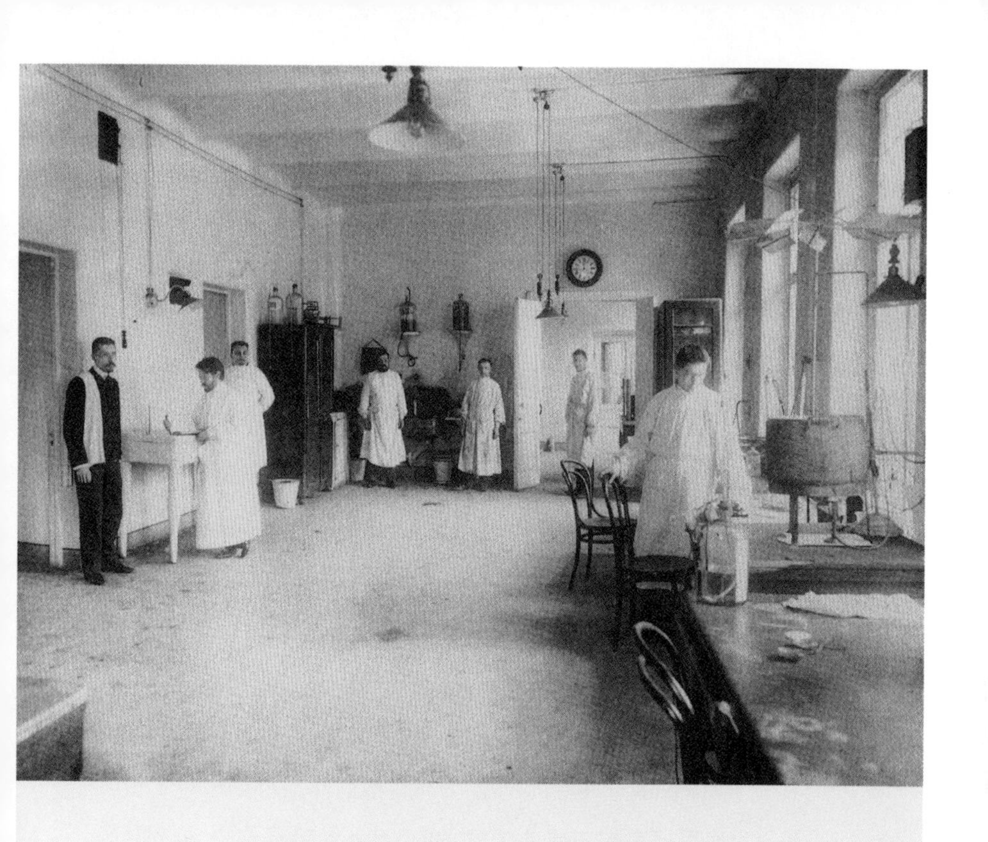

수술과 회복 복합실로 입구에 있는 실험실이다. 파블로프는 세계 최초의 '특별 수술실을 갖춘 생리학 실험실'이라 불렀다.

개를 실험에 이용한 이유

파블로프는 왜 다른 동물이 아닌 개로 실험을 했을까? 그 이유는 바로 사람 소화계를 닮은 포유동물을 다루고 싶어 했고, 또한 비교적 손쉽고 저렴한 비용으로 얻을 수 있는 장점 때문이었다. 토끼는 수술 후에 잘 죽었고, '냉정함이 요구되는 생리학 실험'에 돼지는 '신경과민이며 예민'하다는 것을 파블로프는 알고 있었다. 그는 고양이를 몹시 싫어했는데 시끄럽고 심술궂은 동물이라고 지칭했다. 다른 한편, 개는 실험가가 선호하는 이상적인 대상이라고 말했다.

"가슴 아프지만, 사람이 길들인 최고의 동물인 개들이 높은 지능 때문에 종종 생리학 실험의 희생양이 되고 있다는 점을 인정해야 한다. 장기 실험을 위해 수술 후 회복한 개를 오랫동안 관찰하다보면, 달리 대체할 길이 없어서 지극히 애처롭기까지 하다. 개를 대상으로 하는 실험에서 연구를 이해하고 받아들여 성공하도록 주도하는 주체는 실험자이므로 어쩔 수 없다."

수백 마리의 개가 실험실을 거쳐 갔지만, 그 중에도 파블로프가 선호하던 종류의 개는 따로 있었다. 세터 사냥개와 콜리 양치기개의 잡종으로 실험실에서 드루족 개(러시아어로 귀여운 친구를 뜻함)라 명명되었던 종류이다. 드루족 개는 특별히 중요하고 복잡한 수술에서 살아남은 첫 번째 개였기 때문에 이 이름을 받았다. 파블로프와 공동 연구자들은 위에서의 소화 과정 전체를 자세히 연구할 수 있도록 수술을 통하여 '분리시킨 작은 위'를 처음으로 만들어 냈다.

위 격리 수술을 통한 소화 과정 연구

그들은 왜 타액 누관과 식도 절개를 사용하여 소화 과정을 연구할 수 없었을까? 만일 개가 위장 누관 수술을 받은 뒤 먹이를 약간 먹었다면, 위액과 먹이가 뒤섞인 혼합물이 나오게 될 것이다. 이런 경우에 위액을 면밀히 측정하기 위해 위액에서 먹이를 분리해 내는 것이 불가능하다. 만일 개가 위장 누관 수술과 식도 절개 수술을 동시에 받는다면 먹이는 실제로 위에는 도달하지 못한다. 그런 개들은 식욕이 중요한 역할을 한다는 점을 입증하기에는 좋겠지만, 먹이가 실제로 위에 도달했을 때 무슨 일이 일어나는지 밝혀내는 데는 도움이 되지 못했을 것이다. 파블로프는 위를 격리하여 위에서 이뤄지는 두 단계의 소화 과정에 대해 연구할 수 있었다. 첫 단계는 식욕에서 초래되었다고 이미 입증되었으며, 두 번째 단계는 먹이가 실제로 위에 도달했을 때 시작된다.

수술을 통하여 개의 위를 큰 위와 작은 위로 분리한다. 개가 먹이를 먹으면 먹이는 큰 위에 도달하고 위샘을 자극했다. 작은 위는 큰 위와 신경으로 연결된 채로 붙어 있다. 그래서 파블로프에 따르면 작은 위도 정확히 같은 방식으로 작용했다. 그러나 이 작은 위는 먹이가 도달하지 못하

위 격리 수술
다양한 먹이와 자극에 대한 위선들의 분비 반응을 실험하기 위해 파블로프가 고안했다. 위를 격리하는 외과 수술이다.

도록 큰 위와 격리했다. 그리고 이곳에 위장 누관을 심어 개 몸의 밖으로 나오게 했다. 개가 먹이를 먹으면 파블로프는 작은 위에서 위선 분비물을 측정할 수 있었고, 이를 사용하여 큰 위가 어떻게 다양한 먹이에 반응하는지 밝혀낼 수 있었다.

1894년부터 1897년까지 3년 동안 파블로프와 공동 연구자들은 드루족 개에게 여러 종류의 먹이를 먹인 후에 격리시킨 액낭에서 흘러나오는 위액을 수집했다. 개에게 먹이를 준 뒤 매번 위액의 양과 농도를 분석했다. 실험을 한 번 하는데도 8시간에서 10시간이 걸렸다. 이는 먹이를 먹이고 위액이 위액 누관으로 떨어져 나오다 끝날 때까지 걸린 시간이다. 이 시간 내내 위액 방울을 받기 위해서는 드루족 개 밑에서 컵을 잡고 끈기 있게 기다려야 했다. 연구 중에는 어떠한 소음도 없어야 했다. 무엇보다 아주 조용히 하는 것이 중요했다. 소음이나 움직임은 드루족 개를 흥분시킬 수 있고, 그러면 개의 기분이나 식욕이 영향을 받을 수 있어서 실험 결과가 변할 수 있기 때문이었다. 불가피하게 소동이 여러 번 일어났다. 그래서 파블로프와 공동 연구자들은 드루족 개의 기분이 변하면 실험 결과가 영향을 받는지 그리고 그 영향이 어떤 식으로 나타나는지를 알아야 했다. 파블로프가 드루족 개로 수행한 실험으로부터 기본적인 결론을 내린 후에, 그 결론을 두 번째 술탄 개로 한 실험 결과와 대조했다.

공동 연구자들이 연구소 정원에서 실험 개와 산책하고 있다. 개 한 마리는 탈출했다고 알려졌다.

파블로프가 위를 격리시키다

파블로프는 정상적인 소화 과정을 연구하기 위해 위를 격리시켜 실험했다. 그가 액낭을 격리시킨 최초의 과학자는 아니었지만, 독일 생리학자인 루돌프 하이덴하인의 초기 수술법을 주목할만하게 변형시켰다. 하이덴하인은 액낭을 격리시키기 위해 소화에 아주 중요한 역할을 하고 있는 미주신경(뇌에서 가슴을 경유해 위에 도달하는 신경)을 잘랐다. 그러나 파블로프는 하이덴하인의 액낭은 정상적인 소화 과정을 왜곡시키면서 중요한 신경이 모두 제대로 연결된 채 액낭을 격리시키기 위한 방법을 고안해 냈다. 이 수술은 매우 어려웠다. 위가 정상적으로 작용하는 방식과 정확히 같은 방식으로 먹이에 반응하는 작은 위를 만들어야 했기 때문이다. 이 어려운 수술법은 파블로프의 수술 묘기로써 세계적인 상징이 되었다. 많은 외국 과학자들이 그 수술법을 배우기 위

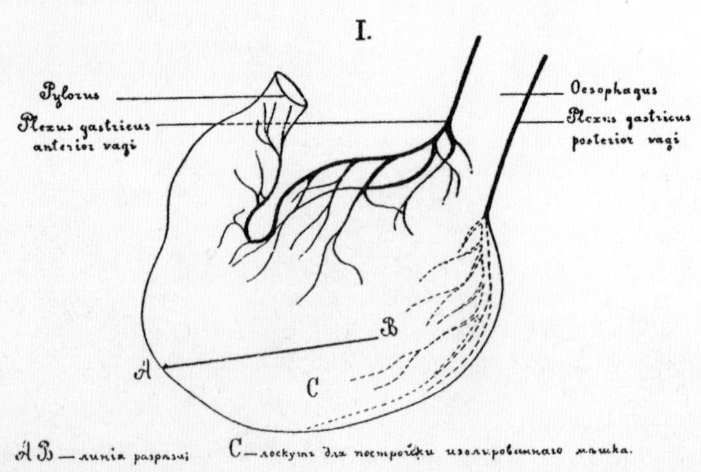

AB — линія разрѣза   C — лоскутъ для постройки изолированнаго мѣшка.

해 상트페테르부르크로 왔다.

아래에 그린 두 개의 그림은 파블로프의 『주요 소화선에 대한 연구 강의』에서 발췌한 것이다. 그림 I은 수술 전 개의 위를 보여 준다. 개가 먹이를 먹을 때, 먹이는 식도를 거쳐 위에 도달하게 된다(C 부위). A와 B를 연결하고 있는 선은 작은 위가 될 수 있게 작은 주머니를 형성하도록 절개하는 부위를 보여 준다. 그림 II는 수술 후 위이다. 먹이는 여전히 식도를 거쳐 큰 위(V 부위)로 간다. 작은 위(S 부위)는 큰 위와 신경으로 연결되어 있기 때문에 여전히 먹이에 반응한다. 그러나 먹이는 큰 위와 작은 위 사이에 있는 점액층 때문에 작은 위로는 들어가지 못한다.

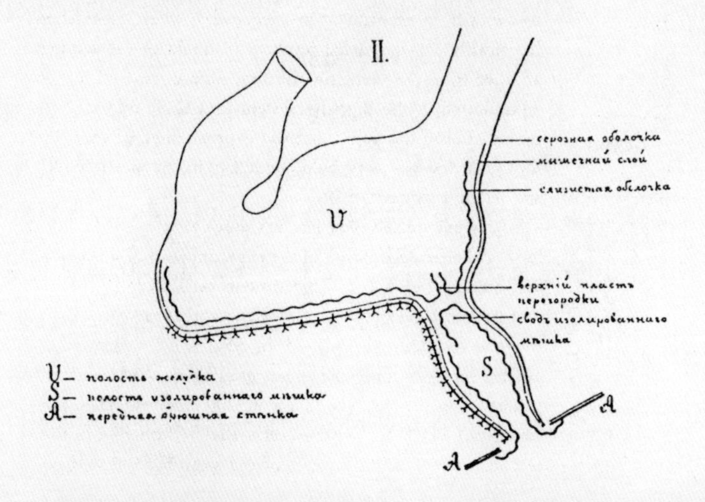

참신한 상상력을 가진 과학자

우리는 파블로프가 과학적으로 성공하기 위한 몇몇 요인을 이미 보유하고 있다고 알고 있다. 중요한 과제에 대한 훌륭한 아이디어, 핵심 문제에 답할 수 있는 실험을 고안해 내는 능력, 수술 솜씨, 신기술(변경된 수술 방법으로 수술한 동물을 도구로 사용하는 방식을 포함하여), 파블로프를 보조해 주는 공동 연구자들과 더불어 잘 구비된 실험실 등이다. 만일 파블로프가 해석한 실험 결과를 면밀하게 살펴본다면, 위대한 과학자가 지닌 또 다른 중대한 특징인 참신한 상상력을 알게 될 것이다. 교과서에서 지식을 배우거나 또는 어떠한 결과를 얻어야 한다는 선생님의 말을 듣고 과학 교실에서 실험을 수행하는 것과, 커다란 동물의 소화계같이 복잡한 것을 처음으로 실험하는 것은 전혀 다른 상황이다. 최상이라 생각한 실험조차도 종종 엉망인 결과로 나타날 수 있다. 파블로프는 엉망인 결과와 모범적인 결과를 고찰하는 데에 아주 과감했다.

잠시 동안 파블로프 입장이 되어 드루족 개와 술탄 개로 수행한 몇몇 실험 결과를 살펴보자. 드루족 개로 한 실험을 통해 파블로프는 위선이 먹이에 따라 뚜렷하게 다른 반응을 보였다고 결론 내렸다. 개가 고기를 200그램 먹었을 때 위선은 특정 형태로 분비했다. 그리고 빵을 200그램 먹었을 때는 위선이 다른 형태로 분비했다. 파블로프는 동량의 같은 음식에 대한 반응은 매번 정확하게 같아야 한다고

드루족 개

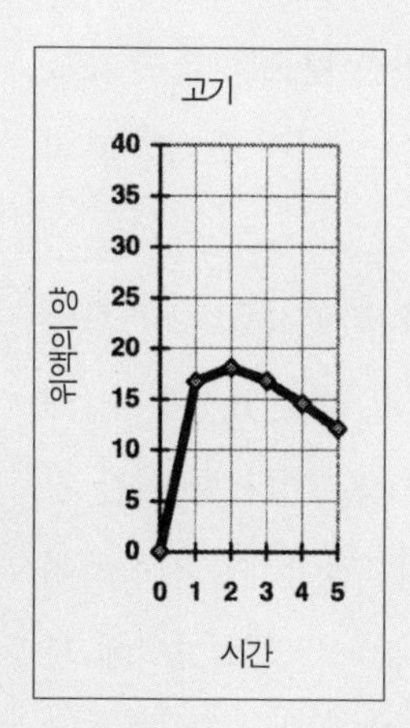

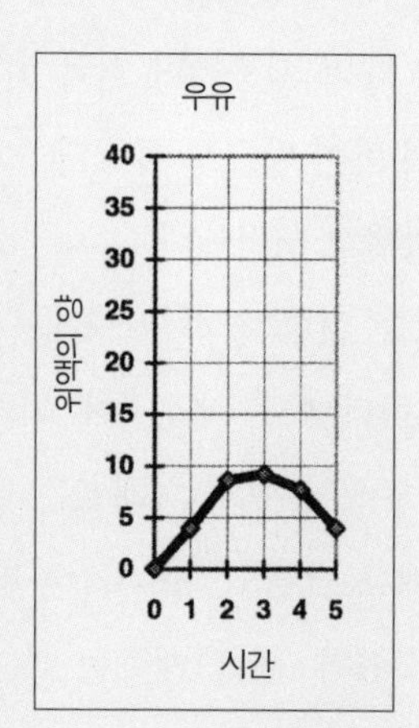

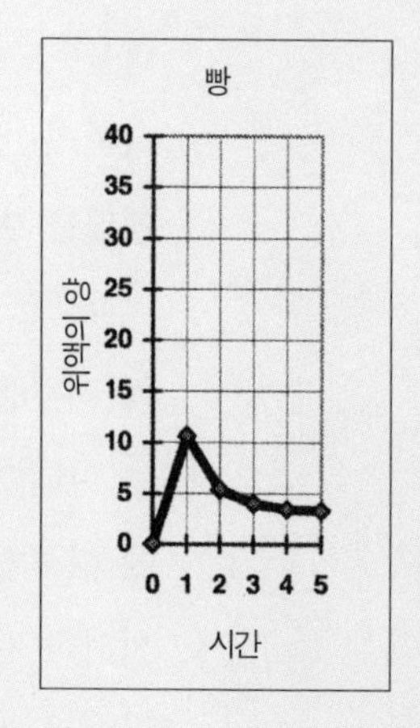

술탄 개

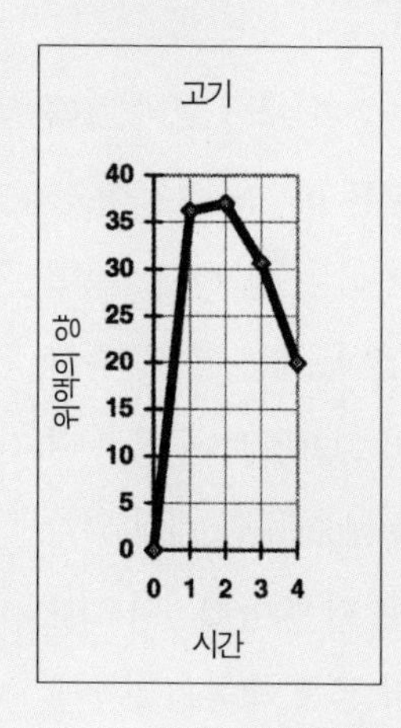

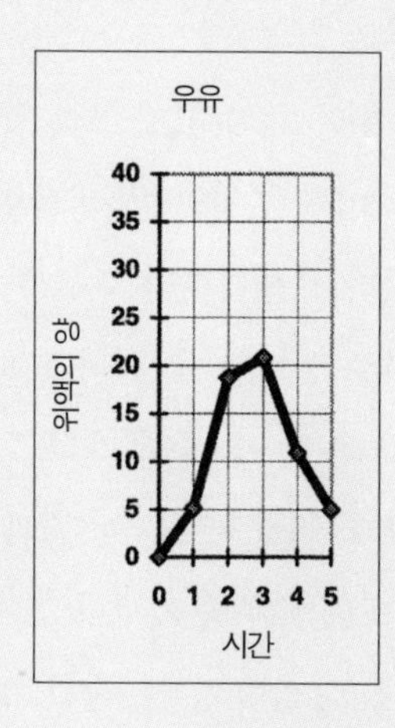

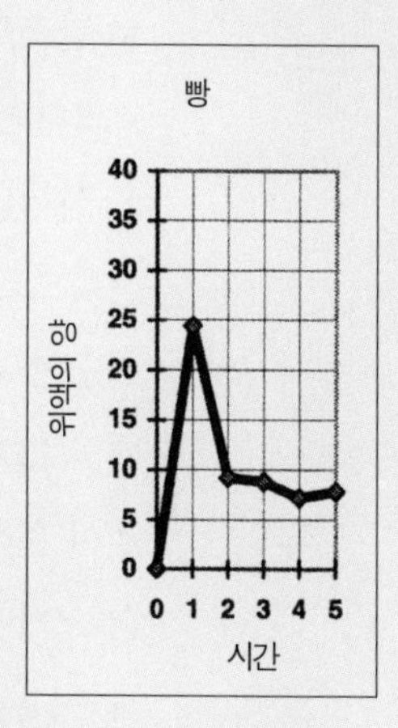

그래프들은 드루족 개와 술탄 개가 고기, 우유, 빵 등을 먹었을 때 만들어 내는 위액의 양에 관한 파블로프의 실험 결과이다.

생각했다. 확실히 그 결과가 매번 같지 않았다. 이에 대해 파블로프는 개의 기분이나 식욕이 변한 탓으로 또는 개들 사이의 개성 차이 탓으로 돌렸다. 그는 여기서 중대한 분비 형태를 보았다고 생각했다.

파블로프는 실험 결과를 그래프로 변환시켰다. 가로축에 시간을 나타냈고, 세로축에 위액의 양을 표시했다. 개 두 마리 모두에서 고기 그래프는 한 시간이나 두 시간 만에 최고점에 도달했고, 두 시간부터는 떨어지기 시작하여 서서히 감소했다. 빵 그래프는 한 시간 만에 최고점에 도달했고 재빠르게 감소했다. 우유 그래프는 두 시간이나 세 시간 만에 최고점에 도달했고, 잠시 유지되다가 점진적으로 감소했다.

그러면 드루족 개의 고기 그래프와 술탄 개의 고기 그래프 사이의 차이는 무엇일까? 파블로프는 이 그래프들이 근본적으로 같다고 생각했다. 사소한 차이는 생각지도 않던 변수의 결과로 설명할 수 있다고 보았다. 예를 들면, 술탄 개의 고기 그래프는 드루족 개의 고기 그래프보다 훨씬 더 높이 올라갔다. 파블로프는 이 결과를 보고 술탄 개의 위가 더 크거나, 또는 드루족 개보다 고기를 더 좋아했거나(그래서 '식욕 액'을 더 많이 생산), 술탄 개가 몸에 체액을 드루족 개보다 더 많이 지니고 있었을 것이라고 해석했다. 아니면 아마도 무엇인가가 실험 중에 술탄 개를 흥분시켰을 수도 있다고 설명했다. 파블로프는 만일 술탄 개와 드루족 개 사이의 이러한 차이를 제거할 수 있다면 개를 사용한 각 실험은 정확하게 같은 결과를 보여야 한다고 생각했다.

파블로프가 보았던 패턴이 실제로는 그래프 상으로 존재하지 않았을 수도 있다. 또는 그래프가 있더라도 그 형태가 의미가 없다고 또 다른 과학자는 보고 판단했을 수도 있다. 그러면 아마도 고기, 빵, 우유 그래프 같은 그러한 그래프는 의미 없다고 결론을 내렸을 것이다. 이 관점은 과학의 중대한 점을 설명한다. 동일한 실험 결과로부터 전혀 다른 결론을 유추해 내는 일이 가능하다는 것을 보여준다. 과학 분야는 상상과 해석의 영역이다.

소화계는 복잡한 화학 공장

실험 결과에 대한 파블로프의 해석은 소화계에 대한 근본적인 그의 아이디어와 관련되어 있다. 바로 소화계는 '복잡한 화학 공장' 이라는 생각이다. 천연 재료(먹이)가 소화관을 따라 지나가는데 소화관은 단지 기다란 관이다(커다란 공장의 작업장 같은). 먹이가 소화관을 따라 내려감에 따라, 정보도 그 길을 따라 다양한 '작업장' 으로 나아간다. 이들 작업장은 소화선들이다. 구강의 타액선과 위의 위선 그리고 먹이가 위를 지나 소장으로 가는 도중에 췌장선 등이 분비액을 음식 위로 쏟아 붓는다. 파블로프에 따르면, 소화관이 소화선으로 보내는 정보는 공장이 특정 생산품을 제작하기 위해 재료를 받으라고 작은 작업장으로 보내는 바로 그 명령 같은 것이다. 예를 들면, 강철 공장에서 공장장은 어떤 작업장에서는 특정 도구를, 다른 작업장에서는 첫 번째 특정 화학 물질을, 또 다른 작업장에서는 두 번째 특정 물질을 사용할 것을 명령한다. 마찬가지로 소화관은 특정 신경을 통하여 소화선까지 특정 명령을 보낸다. 명령은 다음과 같을 것이다.

'고기 225그램을 먹었으므로 이번 끼니를 소화시키는데 필요한 정확한 양과 형태의 소화액을 보내라.'

그리고 아마도 몇 분 뒤에는 이렇게 명령할 것이다.

'이제는 우유를 170그램 마셨으니 소화시켜라. 이 물질에 가장 잘 작용할 종류의 소화액을 보내라.'

소화선은 바로 올바른 종류의 분비액을 생성하여 소화관으로 보낸다. 그래서 소화관에서 고기와 우유는 혈관으로 흡수될 수 있는 형태로 분해되고, 동물의 몸을 통하여 순환되어 영양분과 에너지를 만들어 낸다.

일종의 정신이 깃든 소화 기계

소화 기계는 특히 복잡한데 그 이유는 일종의 영혼 즉, 동물의 개성, 기분 변화, 먹이 선호도 등 동물의 정신이 깃들어 있기 때문이다. 일찍이 파블로프와 시모노프스카이아가 위액이 흘러나오게 하는데 식욕이 중요한 역할을 한다고 입증했다는 점을 기억하라. 만일 개가 음식 먹는 것을 즐긴다면, 위선은 먹이가 실제로 위에 도달되지 않았어도 분비액을 만들기 시작한다. '식욕' 이 위에서 위액을 분비

스누피의 질문에 파블로프는 이렇게 대답할 것이다.
"소리가 개의 식욕을 자극하고, 미주신경을 흥분시켜, 위에 있는 위선이 분비된 것이다."
나중에 파블로프는 '식욕 액'을 조건 반사로 분석한다.

왜 공장인가! 과학적 사고의 은유

러시아가 산업 혁명을 겪고 있었던 바로 그 시기에 '소화계는 복잡한 화학 공장'이라고 아이디어를 냈다는 사실은 재미있다. 1880년대와 1890년대, 영국에서 산업 혁명이 시작된 지 약 100년 후에, 거대한 공장들이 러시아 전역에 걸쳐 생겨났다. 이 거대한 공장은 이전에는 다양한 물품을 주로 생산했던 소규모 작업장을 대체하고 있었다. 상트페테르부르크도 공장 생산의 중심지가 되었다. 예를 들면 유명한 푸틸로프 제철 공장 본거지가 되었다.

러시아의 지식인들은 이 새로운 개발이 러시아의 생활 방식에 어떤 의미가 있는지를 논의했다. 또한, 신문마다 공장 생산이 좋은 일인지 나쁜 일인지에 관한 논의로 시끌시끌했다. 일부 사람은 공장 출현이 의미하는 바는 학대 받는 임금 노동자 계급 및 돈과 물질이라는 서방 세계에서 가장 나쁜 생활 특징의 일부를 답습하는 것이라고 생각했다. 또 다른 사람은 새 공장들은 아주 긍정적인 개발을 의미한다고 여겼다. 러시아가 필요로 하는 물건을 효율적으로 생산하고, 러시아의 경제와 국력을 강화시킬 것이라고 생각했다.

공장의 출현이 파블로프가 소화계를 고찰한 방식에 영향을 미쳤다는 점은 아주 그럴 듯하다. 만일 실제로 그렇다면, 역사상 과학자들이 자연을 이해하기 위해 일상생활이나 나라의 정책에서 이끌어 낸 은유를 사용한 많은 실례 중 한 가지가 될 것이다.

자연은 대단히 복잡하다. 자연을 볼 때마다 우리는 과학자도 예외는 아니지만, 어떤 것이 중요하고 어떤 것이 의미 없는지를 결정해야 한다. 이것은 하늘의 구름을 바라보는 것과 비슷하다. 만일 당신이 마음 속에 새나 야구장을 그리고 있다면, 구름을 보면서 이들 중 하나를 연상하게 된다. 하지만 만일 당신이 새나 야구장을 생각하고 있지 않다면, 결코 구름 속에서 이들을 발견할 수 없을 것이다. 많은 심리학자나 철학자는 은유를 사용하지 않고서 어떠한 것도 생각하는 것이 불가능하다고 생각한다.

그래서 수백 년 동안 위대한 사색가와 자연 탐험가들은 생물이든 무생물이든 모든 삼라만상을 최고에서부터 최저까지 거대하고 연속적으로 배열되어 있는 '거대 연속 존재'로 보았다. 문화와 생활 방식에서 나온 이러한 아이디어는 자연에서 본 것을 체계화하고 해석하도록 도와주었다. 다른 한편, 19세기의 영국의 생물학자인 찰스 다윈은 자연에서 '생존 경쟁'을 깨달았다. 이 개념은 확실히 그 당시 영국인의 일상생활 일부분이었던 사회, 경제적 경쟁에 크게 영향을 받았던 것이다. 훌륭한 기계식 시계를 현대식 발명품으로 환호하여 맞이했을 때, 많은 심리학자들은 사람의 마음을 시계로 생각했다. 이제 컴퓨터가 맹위를 떨치고 있으므로 많은 현대 과학자들은 뇌를 컴퓨터로 생각하고 있는 것과 같은 맥락이다.

이는 과학이 단지 견해상의 문제라는 의미는 아니다. 사람마다 자연을 다른 방식으로 보기 때문에 어느 방식이 더 좋다고 말할 수는 없다. 과학에서 개념(또는 이론)과 사실 사이의 관계는 훨씬 더 복잡하여, 처음에 의견이 달랐던 과학자도 흔히 결국에는 공통된 결론을 맺기도 한다. 그들은 특정 은유가 어떤 방식으로는 사용되고, 또 다른 어떤 방식으로는 사용되지 못하는지를 결정할 수 있다.

과학적 사고에서 은유의 중요성은 과학자도 사람이기 때문에 그들의 아이디어도 자신의 생활이나 시간에 영향을 받는다는 점을 깨닫게 한다. 파블로프는 컴퓨터가 당시에 발명되지 않았기 때문에 '뇌는 컴퓨터'라고 생각하지 못했을 것이다. 공장이나 공장에 관한 토론도 없는 러시아의 한 구석에서 살았더라면, 그는 공장과는 다른 방식으로 소화계를 생각했을 수도 있다.

시키는 '최고로 강력한 자극제'라고 파블로프는 기록했다.

파블로프는 새로 지은 실험실에서 처음 수행한 실험을 통해, 만일 동물이 아주 배고프다면 단지 먹이 한 조각만 봐도 위액이 흘러나온다고 밝혔다. 어떤 과학자는 이 사실을 실제로 몇 년 전에 알아냈다. 그러나 실험실에서 규칙적으로 일어나게 할 수 없었기 때문에 이 과정이 정상적인 소화의 일부분이라는 점을 동료들에게 납득시킬 수 없었다.

이러한 영혼은 매번 같은 방식으로 작용하지 않았다. 파블로프는 사람처럼 개도 제각각 선호하는 먹이가 달라서 좋아하는 음식이 날마다 혹은 순간적으로 바뀐다는 점을 알아냈다. 또한 사람과 마찬가지로 개마다 성격이 다르다고 했다. 어떤 개는 먹이에 '더 욕심'을 내므로 더 많은 식욕 분비액을 만들었다. 또 어떤 개는 '연상 능력이 더 뛰어나' 먹이를 보기만 해도 위액이 손쉽게 흘러나왔다. 또 다른 개는 비교적 '냉정'하여 먹이가 실제로 입으로 들어와야 위액이 분비되기 시작했다. 일부 개는 '교활'하여 걸핏하면 무례한 짓을 했다. 실험자가 그러한 개에게 먹이를 조금 보여 주기만 하고 실제로 주지 않는다면, 그 개는 놀림을 받았다고 생각하여 배고픈 사람이 그 상황에 처한 것처럼 반응했다. 즉 화가 나서 먹이를 애타게 기대하지만 위액을 만들지 않고 실험자를 외면했다.

이러한 여러 이유 때문에 개의 성격이나 기분이 소화 기계에 예측할 수 없는 요소로 추가되었다. 개의 기분과 개성을 특징적으로 설명할 때, 파블로프가 고려한 점은 흘러

Профессоръ И. П. Павловъ.

ЛЕКЦІИ

О

РАБОТѢ ГЛАВНЫХЪ

ПИЩЕВАРИТЕЛЬНЫХЪ ЖЕЛЕЗЪ.

С. ПЕТЕРБУРГЪ.

1897.

1897년에 출판한 『주요 소화선에 관한 연구 강의』의 초판. 바로 독일어, 프랑스어, 영어 등으로 번역되었다. 파블로프는 이 책으로 세계적인 명성을 얻었다.

나오는 위액의 양상과 개의 행동에 관한 객관적인 해석 등이었다. 주된 요점은 실험 결과가 매번 정확히 똑같게 나타나지 않았다는 점이다. 개의 정신이 예측할 수 있게 반응하지 않는 정확한 이유에 대해서, 파블로프는 그것을 단순한 반사라고는 생각하지 않았다.

중요한 또 다른 사실은 이렇다. '식욕 액' 없이는 먹이가 대부분 소화되지 않았다는 점이다. 먹이가 그냥 위에 남아 있다가 부패되었다. 소화 기계의 영혼인 식욕과 개성은 분명히 기능면에서 아주 중대한 역할을 하고 있었다.

개의 실험을 통해 사람들의 소화 문제 설명

파블로프는 자신의 실험을 통하여 일부 사람들이 왜 소화에 문제를 일으키는지 밝혔다고 생각했다. 어떤 사람은 음식에는 주의하지 않고 너무 급하게 식사를 하거나, 식사 시간에 걱정거리가 있어 마음을 빼앗기곤 한다. 이러한 이유 때문에 음식을 소화시키기 위해 필요한 '식욕 액'을 만들지 못한다는 것이다. 사람들은 이 현상을 과학적으로 이해하지는 못했지만 식욕을 증진시키기 위해 습관과 습성을 바꾸었다. 예를 들면, 부엌을 별도로 구비해야만 하는 훌륭한 과학적인 근거가 생긴 것이다. 그 공간은 식사를 일상생활에서 분리시켜 사람들이 음식에 집중하도록 분위기를 만들어 준다. 또, 사람들이 어디서나 요리를 맛있게 하려고 많은 양념을 사용한다는 점이다. 즉 식욕을 증가시키려고 양념을 쓴다는 것이다.

파블로프는 소화계에 관한 실험 연구 결과를 『주요 소화선에 관한 연구 강의(1897)』라는 책에 요약했다. 그는 공장같이 작동되는 소화계의 작용을 분석했다. 또, 신경계가 어떻게 전체 소화 과정을 조절하는지를 설명했고, 동물의 정신이 수행하는 중요한 역할에 대해 묘사했다. 그의 입장에서 소화계는 기계같이 복잡한 동물이 환경에 완벽하게 적응한 아주 좋은 예가 되었다. 소화계에는 '자연의 삼라만상처럼 멋있는 장치가 내장 목적에 부합되도록 치밀하게 잘 짜여져 있다' 라고 기록했다.

이러한 결론은 수십 명의 공동 연구자들이 수백 마리의 개로 수행한 수천 번의 실험 결과였다라고 파블로프는 강조했다. 그는 자신의 실험실에서 실제로 실험을 수행한 많은 공동 연구자의 이름을 걸고 믿었다. 그가 제안한 소화계의 새로운 모습은 '각자 모두 숨을 들이마시고, 각자 스스로 무엇인가를 제출하는 실험실의 평소 분위기' 가 낸 업적이었다.

세계적으로 유명해지기 시작한 파블로프

1900년에 파블로프는 전 세계의 의사나 과학자에게 아주 유명해졌다. 파블로프의 실험실에서 연구했던 의사들은 의료 업무로 되돌아가서, 파블로프의 연구에 대해 퍼뜨렸다. 전 세계의 과학자들이 파블로프가 완성했던 유일무

이한 외과 수술 방법을 배우기 위해서 왔다. 공동 연구자 중 한 명이 파블로프의 책을 1898년에 독일어로 번역했다. 몇 년 내에 프랑스어와 영어 판도 등장했다. 이러한 번역본은 러시아어를 모르는 서부 유럽이나 미국의 동료들이 파블로프의 발견에 쉽게 접근할 수 있도록 해주었다.

그러나 파블로프는 러시아의 동물 실험 반대 운동가들의 공격을 받기도 했다. 러시아 동물보호협회는 과학 실험에 동물 사용을 제한하거나 중단시킬 목적으로 미국과 유럽에서 나타난 많은 단체 중 하나였다. 러시아 동물보호협회는 생체 해부를 '잔혹하고 쓸데 없는 동물 학대' 라고 꼬리표를 붙였다. 회원들은 가끔 파블로프의 강의에 참가하거나, 그의 실험 개 중 어떤 슬픈 운명에 관한 이야기를 발표했다. 러시아 동물보호협회 회원 전체가 승인한 실험만을 허용해야 한다고 1903년에 주장했을 때, 파블로프와 군의사관학교에 근무하는 동료들은 동물 실험의 과학적 가치를 옹호하는 입장을 표명했다. 생체 해부 금지는 의사로 하여금 사람을 대상으로 실험하게 하여, 아직 검증되지도 않은 약품들을 실험실의 동물 대신 사람에게 검증하게 될 것이라면서 생체 해부를 찬성했다. 파블로프는 동물이 희생될 실험을 수행할 때마다 '심심한 애도' 라는 개인적인 메모를 붙였다.

"내가 살아 있는 동물을 해부하여 목숨을 빼앗을 때, 말로 표현할 수 없을 정도로 멋있는 장치를 거칠고 서투른 손으로 파괴하고 있다는 모진 비난을 내 자신 안에서 듣는다. 하지만 인류를 위해 진리 추구 차원에서 그 비난을 참는다."

최초의 노벨 생리의학상을 받은 파블로프

1904년에 파블로프는 노벨 생리의학상을 받는 최초의 생리학자(또, 최초의 러시아 사람)가 되었다. 그는 아내와 함께 스웨덴의 스톡홀름으로 가서 스웨덴의 왕 오스카 3세로부터 이 위대한 명예를 받았다. 왕은 파블로프에 대한 존경심의 발로로 러시아 말을 조금 배워 러시아어로 '안녕하세요' 라고 인사하여 파블로프를 놀라게 했다.

파블로프 또한 청중을 놀라게 했다. 모여든 과학자와 정부 고위 관료들은 소화계와 관련하여 발견한 것에 관한 연설을 기대했다. 그렇지만 그는 최근에 수행하고 있는 또 다른 주제의 연구에 관해 주로 말했다. 파블로프는 당시 소화 기계의 '영혼' 인 식욕과 정신에 대해 연구하는 중이었다.

"생명의 단 한 가지만이 정말로 우리의 관심을 끌고 있다. 바로 정신생활이다."

예술가, 극작가, 철학자, 역사가 등은 모두 사람의 생각과 감정의 본질에 역점을 두고 다루었다. 이제 정신생활은 생리학 영역이 되었다. 그곳에 모인 대다수 사람들은 '조건 반사' 와 '무조건 반사' 라는 말을 처음으로 들었다. 이는 소화계에 관한 연구로 명예보다 훨씬 더 큰 명성을 파블로프에게 가져다 준 단어이다.

20년 전에 아내 세라피마에게 보낸 편지에서 언젠가는 이렇게 될 것이라고 썼다.

"사람의 생활과 관련된 과학…… 하지만 당장은 아니고, 당장은 아니고."

그러나 지금 그는 바로 그러한 과학으로 가는 열쇠를 발견했다고 생각했다.

4
조건 반사와 무조건 반사

1904년 파블로프의 모습. 소화에 관한 연구로 노벨상을 수상했지만, 이미 관심은 조건 반사로 바뀌었다.

파블로프는 노벨상 수락 연설에서 이제 연구의 방향을 소화 기계에 깃든 영혼으로 바꿨다고 밝혔다. 수년 동안, 정신은 과학적 방법으로 연구될 수 없을 것이라고 생각했다. 과학은 결정론적인 과정만 연구할 수 있다고 여겼다. '결정론'은 물질계 법칙을 따르는 과정을 의미했으므로 파블로프의 견해는 기계와 유사했다. 즉, 만일 환경이 같다면 매번 정확히 같은 방식으로 일어나야 한다. 예를 들어, 만일 같은 시계를 정확하게 같은 방식으로 10번 태엽을 감는다면 그 시계는 정확하게 같은 시간 동안 작동할 것이다(시계가 마모되는 정도를 제외하면). 마찬가지로 같은 동물에게 같은 먹이로 같은 양을 10번 먹인다면 개의 정신이 방해받는 때를 제외하면 그 동물의 위는 매번 똑같은 양의 위액을 만들어 낼 것이다.

정신을 연구하기 힘들었던 이유

이것이 정확한 요점이었다. 그러나 기계가 작동하는 방식으로 정신이 작동하지는 않았다. 개의 기분과 성격 그리고 먹이의 맛에 좌우하여 개는 매번 다르게 반응을 나타냈다. 이것이 수년 동안 파블로프가 정신을 과학적으로 연구할 수 없을 것이라고 생각했던 첫 번째 이유이다.

두 번째 이유는 정신은 객관적으로 연구할 수 없다는 점이다. 파블로프 입장에서 객관적이라는 것은 눈으로 볼 수 있거나, 냄새를 맡을 수 있거나, 손으로 만질 수 있어야 했

결정론
모든 일은 그 일이 진행되는 조건에 의해 필연적으로 결정된다는 견해.

다. 더 나아가 숫자로 세거나, 측정할 수 있는 어떤 방법을 사용하여 실체를 분석할 수 있어야 했다. 이러한 방식으로 과학자들은 객관적인 사실을 파악할 수 있다. 예를 들면, 쇠 구슬과 종이 구슬이 공중에서 떨어지는 속도가 같은지를 알고 싶다면, 두 구슬을 동시에 떨어뜨려 무슨 일이 일어나는지를 지켜봐야 할 것이다. 만일 두 과학자가 서로 다른 결과를 얻는다면, 누가 옳았는지를 알아내기 위하여 두 실험을 비교하면 된다.

그러나 어느 누구도 동물의 생각과 감정을 볼 수 없다. 어떤 일을 하고 있는 개 한 마리를 두 과학자가 지켜보고 그 개가 생각하거나 느끼고 있는 점에 관하여 서로 다른 의견을 낼 수 있다. 만일 실험자가 개에게 고기 한 조각을 주었는데 개가 머리를 돌려 외면했다면, 그 개의 생각이나 기분은 어떤 것일까? 어떤 사람은 그 개가 배고프지 않다고 생각할 수 있다. 다른 사람은 그 개는 고기를 좋아하지 않는다고 생각할 수 있다. 또는 놀린다고 생각해서 모욕적이라고 개가 생각했다고 결론내릴 수도 있다. 파블로프 입장에서 그러한 의견들은 전혀 객관적이라고 볼 수 없기 때문에 결코 과학적일 수 없었다. 누가 옳고 그른지에 대한 질문을 실험이 해결할 수 없을 것이다.

정신에 대한 과학적인 연구

그렇지만 그 즈음에 파블로프는 노벨상을 수상했고, 정

파블로프는 정신의 변화에 침샘이 아주 민감하다고 밝혀진 후에, 개의 조건 반사와 무조건 반사를 연구하기 위해 타액 누관을 사용하는 실험을 계획했다.

신은 결정론적인 방식으로 잘 작동할 것이기 때문에 정신을 연구할 어떤 객관적인 방법을 찾아냈다고 생각했다. 개가 무엇을 생각하고 어떻게 느끼는지에 관해 짐작할 필요 없이 개의 정신에 관한 실험을 할 수 있다고 믿고 있었다. 사실 파블로프는 개의 감정이나 생각을 언급하는 공동 연구자들을 벌주면서, 그도 나중에 비과학적이라고 생각했지만, 적은 액수의 벌금을 물리기도 했다.

파블로프는 의문을 품고 '끊임없는 토의'와 '힘든 지적 투쟁'을 한 후에 조율하여 연구하기까지 약 6년이 걸렸다. 혼자서 이 일을 해낸 것은 아니다. 일부 공동 연구자들은 그들 자신의 아이디어를 내어 새로운 실험을 디자인하여 정신 연구에 적용했다. 그러나 파블로프가 그 결과들을 자신의 방식대로 해석하여 일반적인 견해로 발전시켜 정신을 연구하는 새로운 실험 방법을 개발했다는 점은 더욱 중요한 것이다.

원래 파블로프는 개의 뇌를 조사하기 위한 수단으로 침샘을 사용하는 방법을 개발했다. 그가 발견한 침샘은 정신적인 변화에 특히 민감했다. 개가 각기 다른 상황에서 흘리는 침의 방울 수를 센다면 동물이 보고, 냄새 맡고, 듣고, 피부로 느끼는 것 등을 환경에 대한 중요한 정보로 변화시켜 복잡하고 눈에 보이지 않는 과정을 분석할 수 있을 것이라고 생각했다. 많은 새로운 아이디어 때문에 이러한 생각은 놀림당하기 쉬웠다. 소화계에 대한 파블로프의 연구를 존경했던 어떤 동료는 이 새로운 연구 영역이 약간

별나다고 생각했다. 일부는 파블로프가 드디어 '과학을 모욕하는' 연구를 하고 있다고 비웃었고, 친한 친구인 핀란드 생리학자 로버트 티거스테트조차도 '이 취미를 중단하고 참된 생리학으로 돌아오라' 고 권고했다.

파블로프의 정신 연구를 반대하는 사람들

파블로프 자신은 아주 흥미진진했지만 다소 두렵기도 했다. 그러나 정신을 과학적 연구 주제로 설정할 수 있는 방법을 찾아냈다고 생각했기 때문에 흥분했다. 그는 40년 전에 『뇌의 반사』에 관한 세체노프의 선견지명에 감동 받았다. 그리고 이제는 그 자신이 이러한 시각을 실제 실험 과학으로 시험하려 하고 있었다. 만일 성공한다면, 사람의 사고와 감정의 비밀을 밝혀낼 수 있을 것이다. 그래서 사람들이 왜 사랑하거나 증오하는지, 왜 협동하는지, 왜 전쟁을 하는지를 밝혀낼 수 있을 것이다. 아마도 그는 사회가 어떻게 '열등 기계' 를 적게 생산하고, 더 관대하고, 더 지적이고, 더 고상한 인간 유형의 '우등 기계' 를 많이 만들어 낼 수 있는지도 밝혀낼 수 있을 것이다. 이 새로운 주제에 관한 첫 번째 실험 직후에 파블로프는 복도에서 동료를 구석으로 밀어붙이며 흥분하여 말했다.

"그래, 우리는 목적을 달성했다. 우리가 해낸 결과들을 보라! 수십 년 동안 연구한 결과가 여기 충분히 있다."

그러나 파블로프도 끊임없이 '의혹의 마수' 때문에 괴로

워했다. 이 연구는 너무 기발하고 복잡하며 자기 자신의 해석에 의존하기 때문에 방향 전환이 잘못될 수도 있기 때문이다. 어떤 공동 연구자가 기억해 낸 바와 같이, 파블로프는 이 새로운 연구를 자신의 '나약한 어린이' 신세로 간주했다. 수년간의 연구 끝에 유망한 실험 결과로 기뻐하는 가운데에도 그는 분명히 근심하고 있었다.

"보라. 이 새로운 사실이 우리의 접근 방법을 완벽하게 정당화시키므로, 우리가 크게 잘못될 수는 없을 것이다."

파블로프에게 닥친 또 다른 문제는 세라피마가 이 새로운 연구 노선을 찬성하지 않았다는 점이다. 신앙심이 깊은 여성의 입장에서 파블로프의 방법은 유물론적이기 때문에 자유 의지 신념과 불멸의 영혼을 협박하여 손상시킬 우려가 있었다. 정신을 과학적으로 이해하면 사람들이 스스로 변하고 세계가 더 좋아질 것이라고 파블로프는 생각했지만, 그녀는 그 결과가 신앙심과 도덕성을 약화시킬 것이라고 염려했다. 정신에 대한 과학적 연구에 대한 의견의 불일치로 그들 부부의 금실이 깨지게 되었다.

조건 반사와 무조건 반사

애완견을 기르는 사람들은 아주 잘 알려진 두 가지 상황을 생각하면 파블로프의 기본 아이디어를 이해할 수 있다. 상황 1, 고기 한 조각을 개의 주둥이 안으로 집어넣으면 개는 침을 흘린다. 상황 2, 개에게 항상 먹이를 주는 사람이 개가 있는 방으로 들어가면 개는 침을 흘린다. 개가 무엇을 생각하고 무엇을 느끼는지를 추측하지 않아도 각각의 경우에 무슨 일이 일어나는지 어떻게 설명할 수 있을까? 그 두 상황이 어떤 면에서는 같고 어떤 면에서는 다를까?

파블로프 입장에서 상황 1은 '무조건 반사'의 예가 된다. 모든 동물은 특정 목적을 달성하는 일종의 선천성 반사 작용을 지니고 있다. 개의 주둥이 안에 있는 물질을 처리할 필요가 있을 때 침샘 반사 작용에 의해 침샘이 침을 생성하게 된다. 만일 그 물질이 먹이라면, 침에 있는 화학물질이 소화시키기 시작하여 소화관을 따라 내려 보낸다.

그러나 만일 그 물질이 독약이나 산성 물질같이 해로운 것이라면, 침은 개의 주둥이가 해를 입지 않도록 보호한다. 첫 번째 상황에서 개의 주둥이에 있는 침샘은 먹이에 반사적으로 반응한다. 이 결과는 어떤 조건에도 의존하지 않기 때문에 무조건 반사이다. 이는 매번 똑같은 방식으로 일어나는 선천적인 반응이다. 먹이는 무조건적인 자극이 되고 침은 무조건적 반응이 되는 것이다.

조건 반사
자극과 반응 사이에 결정되는 관계로써 경험을 통해 형성된다. 조건이 바뀌면 그 관계도 변하게 된다.

무조건 반사
자극과 반응 사이에 나타나는 선천적이고 변하지 않는 관계를 의미한다.

파블로프 입장에서 두 번째 상황은 '조건 반사'의 예가 된다. 개는 사람을 볼 때마다 침을 흘리는 선천성 반사 작용을 나타내지 않는다. 그런데 자기에게 먹이를 주는 특정인을 볼 때는 왜 침을 흘리는가? 그 사람이 먹이에 대한 신호로 작용했기 때문이라고 파블로프는 이론을 세웠다. 그 사람이 개에게 먹이를 줄 때마다 개는 음식에 대한 무조건적인 반사 작용을 나타내는데, 그 과정에서 그 사람의 상이 눈에 맺혀 뇌로 연결(연상)된 것이다. 그래서 그 사람이 조건적 자극이 되기 때문에 그 사람을 볼 때마다 침을 흘리는 조건 반응이 나타나게 된다. 모든 조건 반사는 무조건 반사 작용으로 형성된다.

두 번째 상황에서 침을 흘리는 현상은 어떤 조건에 의존하기 때문에 조건 반사이다. 따라서 조건이 변할 때 그 반사 반응 또한 변한다. 예를 들면, 개에게 평소 먹이를 주었던 사람이 방으로 들어왔는데도 먹이를 주지 않았다면, 다음 번에 개가 그 사람을 보더라도 침을 다소 덜 흘리는 것을 발견했다. 만약 그 사람이 방을 서너 번 출입하면서도 먹이를 주지 않으면 조건 반사가 아예 사라졌다. 그 사람은 더 이상 먹이 신호가 되지 못하는 것이다. 개는 그를 보아도 더 이상 침을 흘리지 않게 된다.

과학적으로 다루어지는 조건 반사

파블로프가 품었던 중대한 문제는 다음과 같다. 조건 반사는 불변의 법칙에 따르는가? 조건 반사가 더 복잡하지만, 무조건 반사보다 결정적이거나 정확하다고 말할 수 없지 않은가? 조건 반사를 무조건 반사처럼 예측하려면 조건 반사가 나타났다가 사라지게 하거나 더 강하게 되다가 더 약하게 되는 등의 방법이 필요한데, 이를 알아낼 수 있는가? 만일 그렇다면, 뇌에서 일어나는 실제 과정을 연구하기 위해 그 법칙들을 사용할 수 있는가? 파블로프는 이 모든 질문에 대해 단호하게 "그렇다."라고 대답했다.

파블로프는 동물이 어떻게 변화되는 환경에서 살아남고, 어떻게 환경에 적응하는지를 무조건 반사와 조건 반사의 생활양식으로 설명했다. 동물은 생활에서 겪게 되는 끊임없는 도전을 위해 변치 않고 영원한 무조건 반사를 지니고 있다. 먹이에 대한 반응으로 침을 흘리고, 적이 다가올 때 이빨을 드러내고, 추운 날씨를 피하기 위해 굴을 판다. 다른 한편, 조건 반사는 동물이 주변 환경에 적응하게 한다. 흔들리는 덤불을 맛있는 먹이로, 커다란 소리는 위험한 적으로, 둥근 언덕배기는 따뜻한 장소를 연상하게 했다. 이러한 조건 반사는 환경에 관한 정보를 제공하기 때문에 환경이 변할 때 조건 반사도 함께 변한다.

예를 들어, 늑대가 수년 동안 야생에서 살았고, 키 작은 덤불이 움직이면 소형 동물이 있다는 신호로 알고 잡아먹었다고 가정하자. 덤불이 흔들릴 때마다 늑대는 이 현상을 조건 반사를 통하여 먹잇감으로 연상할 것이다. 이제 시간이 흘러 이 소형 동물이 멸종되었거나 다른 지역으로 이주했다고 가정하자. 이 경우에 흔들리는 덤불은 사실상 바람이 불고 있다는 신호일 뿐이다. 흔들리는 덤불을 서너 번 조사하여 확인해도 소형 동물을 찾을 수 없다면, 흔들리는 덤불에 대한 그 늑대의 조건 반사는 사라진다. 일시적인 조건 반사의 특징은 변화하는 환경에 적응하게 된다는 것이다.

그래서 동물의 생각이나 감정 같은 정신 상태를 아주 복잡한 조건 반사로써 과학적으로 다룰 수 있다. 조건 반사와 무조건 반사 연구야말로 이들의 작용 특징과 반사 반응을 나타내고 뇌의 특성을 밝혀내는 객관적인 방법이라고 파블로프는 믿었다. 이제 그는 일찍이 소화계를 연구했던 바와 같은 방식으로 복잡하면서도 보이지 않는 뇌의 작용을 연구할 수 있게 되었다. 파블로프와 공동 연구자들은 실험을 수천 번 했다. 그래서 결과를 보고 갖가지 상황에서 어떤 근본적인 패턴으로 나타나는 개의 침샘 반응을 밝혀냈다.

이 패턴을 기본적으로 세 가지 결과로 해석했다. 첫째, 모든 환경 자극은 흥분 아니면 억제라는 두 종류의 기본적인 신경 작용 중 하나로 이끈다. 파블로프는 종종 신경계를 로마신화에 나오는 두 얼굴의 신(야누스, 양면신)에 비교했다. 야누스는 반대 방향에서 보면 서로 다른 두 가지 얼굴로 보인다. 신경계의 흥분이라는 한 면은 자극(시력, 냄새, 소리 같은)이 신경 충격을 만들어 전신으로 이동되는 과정이다. 억제라는 다른 면은 자극이 신경 충격을 만들어 전신의 운동을 방해하는 과정이다. 흥분과 억제의 힘은 상대적으로 끊임없이 변하고 있어서, 이들의 '힘의 균형'이 동물의 행동을 지배하게 된다. 둘째, 흥분과 억제의 신경 작용이 퍼져나가 어떤 근본적인 법칙에 따라 뇌에서 상호

흥분
신경에서 일어나는 과정으로, 자극에 대해 움직이는 반응.

억제
신경에서 일어나는 과정으로, 자극에 대한 운동 반응이 늦어지거나 중단되는 현상.

작용한다. 셋째, 동물마다 신경계는 선천적으로 차이 난다. 일부 동물에서 신경계는 흥분을 선호하지만, 나머지 동물에서는 억제를 선호하는 경향이 있었다. 이러한 선천적인 차이로 인해 동일한 실험에서도 개들의 반응이 다르게 나타나는 이유를 설명할 수 있게 되었다. 파블로프는 사람의 신경계도 흥분과 억제 사이의 균형 면에서 선천적으로 다양성을 지니고 있다고 생각했다. 그래서 두 사람이 같은 상황에서 각기 다르게 반응하는 이유를 설명했다.

메트로놈 속도를 이용한 조건 반사 실험

파블로프가 답을 찾으려고 시도했던 아주 어려운 문제라는 것을 감안한다면, 정신 문제에 대한 접근 방법의 효력과 참신성을 헤아릴 수 있다. 개의 시간 감각이 얼마나 예민할까? 개가 시간적으로 분과 시간의 차이, 또는 5초와 10초의 차이를 느낄 수 있을까? 단순하게 개를 관찰하고, 개가 무슨 생각을 하고 어떻게 느끼고 있는지를 추측해서 이 질문에 답하려고 한다면, 얼마나 어려운 일인지를 알게 될 것이다. 그러나 파블로프와 공동 연구자들은 이를 아주 자세히 연구하기 위해 조건 반사 방법을 사용했다. 우선 굶주린 개와 분당 60번으로 일정한 속도로 소리를 내는 이를테면 메트로놈을 개장에 함께 두었다. 1분 뒤에 개에게 먹이를 주었다. 조건 반사를 확립하기 위해 이 과정을 서너 번 반복했다. 그랬더니 메트로놈이 소리를 낼 때마다,

실험 개와 함께한 파블로프(가운데 앉아 있음)와 공동 연구자들. 파블로프 바로 왼쪽에는 나중에 미국 볼티모어의 존스홉킨스 대학교에 파블로프 연구소를 창설한 생리학자 간트가 앉아 있다.

개는 침을 흘렸다. 메트로놈이 조건 자극이 되고, 침은 조건 반응이 된 것이다.

그 다음 메트로놈의 속도를 변경시키고 먹이를 주지 않았을 때 무슨 일이 일어나는지를 알아보기 위한 실험을 했다. 예를 들면, 메트로놈이 분당 40번 소리 나도록 낮췄고 소리가 끝난 1분 뒤에도 먹이를 주지 않았다. 그리고 메트로놈을 다시 분당 60번 소리 나게 속도를 높인 후에 개에게 먹이를 주었다. 분당 40번 또는 60번씩 소리 나도록 이 과정을 서너 번 반복했다. 처음 몇 실험에서는 분당 40번 나는 소리 끝에도 침을 흘렸다. 여기까지 보면 메트로놈이 내는 일정한 속도의 소리가 아니라 메트로놈 자체가 내는 소리에 대하여 조건 반사가 형성된 것이다. 그러나 몇 번 반복하자 메트로놈이 분당 40번 소리 냈을 때에는 개가 침을 흘리지 않았다. 그렇지만 메트로놈이 분당 60번 소리 냈을 때는 개가 침을 흘렸다.

흥분과 억제를 통한 분화 과정

이러한 반응은 파블로프가 분화 과정이라고 이름 붙인 현상을 보여 준다. 메트로놈이 내는 소리가 침샘 반응을 흥분시켰지만, 그 반응은 메트로놈이 분당 40번 소리 낼 때는 억제되었다. 이 실험은 시간 간격이 다른 두 종류의 소리를 개의 감각 기관이 식별할 수 있다는 증거가 되었다. 그 차이를 점점 좁혀가며 실험을 함으로써(말하자면, 분

메트로놈

일정한 템포를 나타내는 기구. 악기를 연주할 때 박자를 맞추기 위해 주로 사용한다.

당 메트로놈 소리를 58번이나 60번같이), 파블로프와 공동 연구자들은 개가 흘러가는 시간에 대해 얼마나 예민한가를 밝혀냈다. 비슷한 실험을 통하여 빛이 만들어 내는 여러 그림들의 차이 그리고 원과 다양한 형태, 타원의 차이를 식별해 내는 개의 능력을 증명했다.

파블로프에 따르면, 이러한 분화 과정은 모든 동물(사람을 포함하여)들이 경험을 통하여 주변 세상을 예민하게 이해하는 능력을 발달시키는 수단이 될 것이다. 예를 들면, 우리는 차가 우리 집 앞에서 멈출 때마다 관심을 가질 수도 있다. 하지만 시간이 지나면서 특정 차, 예를 들어 앞바퀴 덮개에 눌린 자국이 있는 흰색 차를 직장에서 귀가하는 아버지나 어머니로 연상하게 된다. 이러한 연상의 특이성은 흥분(멈추는 어떤 차에 대한 신경계의 반응)과 억제(앞바퀴 덮개에 눌린 자국이 있는 흰색 차가 아닌 다른 모든 차에 대한 반응 차단)의 상호작용으로 나타난다.

이러한 이유로 복잡한 동물들의 생활 방식에 대해 파블로프는 다음과 같이 생각했다.

'흥분과 억제라는…… 이 두 반쪽의 동적인 상호관계에 의존한다. 외부 세계는 한편으로 끊임없이 조건 반사를 이끌어 내고 있지만, 다른 한편으로는 억제를 통하여 조건 반사를 연속적으로 억압하고 있다.'

그리고 다음과 같이 결론은 내렸다.

'동물은 일정한 시간에 근본적인 생활 법칙 요구 사항에 반응하면서 주변 환경과 균형을 맞춘다.'

분화
파블로프가 수행한 실험에서는 흥분과 억제를 나타나게 하여 자극의 종류를 식별하는 과정을 나타낸다.

어떤 동물은 다른 동물들보다 더 잘 반응했다. 파블로프는 같은 실험에서도 개들이 여러 방식으로 반응했다고 지적했다. 예를 들면, 어떤 개는 메트로놈이 내는 두 종류의 소리 속도 차이를 한두 번만 반복해도 아주 빠르게 식별했지만, 다른 개는 그렇게 하지 못했다. 개들마다 신경계 유형이 다르게 태어났다고 파블로프는 결론 내렸다. 그래서 '성격'이 다르다고 판단했다. 어떤 개들의 신경계에서 나타나는 흥분과 억제의 세기는 놀랄 정도로 균형을 이루고 있지만, 다른 개들에서는 불균형이 나타났다. 어떤 개들은 쉽게 흥분하여 억제 작용이 약했지만 다른 개들은 정반대였다. 신경계의 두 작용이 균형 잡히지 않은 개들은 균형이 잘 잡힌 신경계를 가진 개들보다 여러 자극을 훨씬 더 느리게 식별해서 환경에 잘 적응하지 못했다. 파블로프는 사실 사람도 같다고 결론 내렸다.

흥분과 억제 사이의 균형은 동물이 주변 환경을 정확하고 명석하게 이해하는데 필요한 바와 같이, 자유와 훈련 사이의 균형도 사람, 사회, 문화 등이 적절히 작용하기 위해 필요하다. 너무 흥분을 잘 하거나 너무 억제하는 사람은 현실을 올바르게 이해하지 못하며 합리적으로 반응하지도 못할 것이다. 마찬가지로, 모종의 국가 차원의(예를 들면, 독일이나 영국) 신경계도 훌륭하게 균형을 이루고 있으면 과학, 문학, 산업 등에 놀라운 업적을 달성할 수 있을 것이라고 파블로프는 생각했다. 그는 러시아가 불균형한 신경계를 가져서 사회 발전이 더디게 된 책임이 일부 있다고 걱정했다. 그러나 약하고 불균형한 신경계는 적절한 훈련과 환경으로 개선될 수 있다고 연구소 실험이 보여준 바를 믿었다. 사실, 파블로프는 생애 만년에 사람의 신경계를 향상시키기 위한 연구를 시작했다.

새로운 형태의 연구소 '말이 없는 탑'

조건 반사를 연구하기 위해 파블로프는 전적으로 새로운 형태의 연구소를 설계했다. 이는 '말이 없는 탑'으로 알려졌다. 그는 개들의 조건 반사는 미미한 대기 온도 상승이나 지나가는 마차에서 나는 미약한 진동같이 아주 미묘한 변화에 의해서도 영향을 받는다고 밝혀냈다. 그래서 실험을 정확하게 하기 위하여 미세하지만 자세한 것도 완벽하게 조절할 필요가 있었다. 그렇기에 말이 없는 탑은 바로 이랬다. 파블로프가 실험하는 자극을 제외하면 일체 모든 자극에서 개들이 철저하게 격리될 수 있는 장소였다. 건물은 콘크리트 벽이 두꺼웠고 해자로 둘러싸여 있었다. 실험용 방은 어떠한 외부의 진동 소리도 막기 위해 한 층의 물에 떠 있었다. 실험 중에는 파블로프와 공동 연구자

말이 없는 탑. 이 건물의 벽은 두껍고 마루는 격리되도록 설계되어서 실험 개의 환경을 아주 미미한 점까지 자세하게 조절할 수 있게 되었다.

들도 그 방에 들어가지 못했다. 특별히 제작된 기계로 개에게 먹이를 주거나, 불을 비추거나, 메트로놈이 소리를 내어 침방울을 외부에서 관찰하고 측정했다.

세계적인 명성을 얻은 파블로프

파블로프가 이러한 연구를 1900년대 초기에 수행했기 때문에 그전과는 사뭇 다른 성과를 올렸다. 노벨상은 그에게 물질적인 풍요로움과 세계적인 명성을 가져다주었다. 그는 세계과학협회 회원으로 선출되었고, 1907년에는 고위급 러시아과학원 회원이 되었다. 또한, 별개의 연구소 세 곳을 운영하게 되었다. 독일, 프랑스, 영국, 미국 등으로부터 점점 더 많은 과학자들이 파블로프와 함께 연구하고, 그의 과학적 연구 방법을 공부하기 위해 상트페테르부르크로 왔다. 파블로프의 자식들도 성공했다. 브세볼로드는 법학자가 되었고, 블라디미르는 물리학자, 빅토르는 유망한 과학 분야 학생이 되었다. 베라는 아버지 곁에서 조건 반사에 관한 연구를 수행했다.

연구소 안이든 밖이든 파블로프는 한결 같은 일정에 따라 생활했다. 9월부터 이듬해 5월 초까지 상트페테르부르크의 세 연구소 사이를 활발하게 다니면서 끊임없이 연구했다. 매주 금요일 저녁마다 정확히 7시에는 친구들이 카드치기 위해 아파트로 찾아왔다. 파블로프는 시간을 잘 지키고 정확한 것을 좋아했다. 친구들이 만약 1분이라도 일찍 도착한다면 복도에서 기다렸다가 약속 시간에 문을 노크하곤 했다. 파블로프는 여름을 시골 저택인 별장(러시아에서는 여름 집)에서 보냈다. 거기에서 정원을 가꾸고, 수영하고, 자전거를 타고, 소설도 읽었다. 그는 여가를 즐길 때도 '근육의 기쁨' 이라고 불렀던 육체 운동을 매일 계속했다.

1914년, 그는 세계의 정상에 서 있었다. 65세의 나이에 재정적으로 든든했고, 세계적으로 명성이 자자한 과학자였다. 이전보다 더 바빠진 그는 사람의 감정과 행동에 대한 열쇠를 밝혀내는 중이었다. 그러나 자신의 과학 세계 전체가 엉망이 되려한다는 것과 그의 생애에 새롭고 극적인 장이 벌어지려 한다는 것을 알 리가 없었다.

5

혁명의 회오리에도 굳센 생리학자

1920년 12월의 붉은군대 병사들. 스키를 매고, 작은 썰매엔 기관총을 매달아 놓았다.
붉은군대와 하얀군대의 치열한 전쟁은 1918년부터 1921년까지 계속되었다.

1914년 8월, 파블로프의 세상은 주변에서부터 망가지기 시작했다. 제1차 세계대전은 차르 황제가 지배하던 러시아에 죽음의 불길한 종을 울렸다. 차르 니콜라스 2세의 거대한 제국이 기나 긴 전쟁을 감당하기에는 너무 가난하고 약했으며 정치적으로 분열되어 있었다. 러시아 군인 대다수는 무기도 없이 전선으로 파병되었다. 그들은 전사하는 전우들의 무기를 주워서 싸워야 했다. 1918년 전쟁 말기에 150만 명 이상의 러시아 군인들이 대량 학살당했고 4백만 명이 부상당했거나 승승장구하는 독일 군인의 포로가 되었다.

붕괴되기 시작하는 차르의 겨울궁전

추위에 떨고, 기아에 허덕이며 사기가 저하된 러시아 군인들이 병영에서 도망가고, 뿔뿔이 흩어지면서 군대가 붕괴되기 시작했다. 게다가 상황은 점점 절망적으로 변했다. 공장이나 제과점조차 운영할 연료가 없었다. 도시 노동자들은 식량을 찾기 위해 일터를 나와 시골 지방으로 떠났다.

또한 황제 니콜라스 2세와 황후 알렉산드라는 점점 대중에게서 불신을 받게 되었다. 더욱이 그들을 감싸고돌던 귀족이나 정부 관료들조차도 등을 돌렸다. 알렉산드라는 라스푸틴이라는 시베리아 출신의 어떤 기이한 시골뜨기의

1890년대 후반에 찍은 황제 니콜라스 2세와 황후 차리나 알렉산드라. 니콜라스 황제의 재임 중에 러시아 산업은 급성장했고, 문학과 예술 방면에서 '제2의 전성기'를 누렸지만, 러시아 사람들 대다수는 가난하게 방치되었다. 황제 니콜라스 2세와 전 가족은 1918년에 볼셰비키에 의해 죽음을 맞았다.

1917년 4월 추방되었다가 러시아로 되돌아온 레닌을 이상적으로 그린 인물화. 6개월 뒤에 볼셰비키가 정권을 잡았고 레닌은 1924년 사망할 때까지 권력을 휘둘렀다.

영향을 받고 있었다. 라스푸틴은 혈우병에 걸린 황후의 아들 알렉세이의 출혈을 멈추게 한 능력(아마 최면을 통하여 했을 것이다)으로 황후의 신임을 얻게 되었다. 라스푸틴만이 알렉세이의 생명을 구할 수 있을 것이라고 확신했기 때문에, 황제 부부는 라스푸틴의 행동이 난폭하고 사악했어도 그에게 매달렸다. 많은 사람들이 볼 때 사악한 마귀가 차르 황제의 겨울궁전에 내려온 것 같았다.

새로이 등장한 레닌

1917년 2월에 러시아 국민들은 대규모의 반란을 일으켜 니콜라스 2세의 차르 통치를 무너뜨리고, 서방식의 자유를 약속하는 신정부에게 힘을 실어 주었다. 그러나 신정부는 불과 약 8개월 동안 유지되었다. 1917년 10월에 블라디미르 레닌이 통솔하는 볼셰비키 당이 정권을 장악했다.

레닌과 볼셰비키 당은 오랫동안 고통 받고 있는 국민들에게 '평화, 영토, 빵' 등을 약속했다. 즉, 전쟁을 끝내고, 부자가 소유하고 있는 거대한 토지를 농부에게 분배하고, 새로운 사회 제도하에서 일반 노동자와 농부들에게 개선된 생활을 약속했다. 레닌이 설명한 바와 같이, 사회주의에서는 토지, 광물 자원, 공장 등은 더 이상 부자의 소유가 아니라 국가의 재산이 된다. 따라서 몇몇 부자들이 아니라 대다수 국민의 번영을 위해 사용하겠다고 했다. 1917년 10월 25일에 볼셰비키는 상트페테르부르크와 모스크바에 있

레닌(1870~1924)
소련의 혁명가이자 정치가. 마르크스주의 이론의 혁명적 실천자로서 소련 공산당을 창시했다. 러시아 혁명을 이끌어 소비에트 사회주의 공화국을 건설했다.

볼셰비키
다수파라는 뜻으로 레닌을 지지한 급진파를 이르던 말. 나중에 명칭을 러시아 공산당으로 바꾸었다.

는 주요 겨울궁전을 포함한 정부 건물을 탈취하여 장악했다. 레닌은 선언했다.

"우리는 이제 사회주의를 건립하기 위해 계속 나아갈 것이다."

그러나 정권은 쉽게 잡았지만 유지하는 일은 어려웠다. 볼셰비키를 반대하는 세력 사이에 내란이 발발했다. 볼셰비키는 1917년 독일과 평화 조약을 체결하여, 제1차 세계대전에 참가하지 않겠다고 선언했지만, 내란은 2년 이상 질질 끌었다. 1921년 중반까지 엎치락뒤치락하는 유혈 전쟁 뒤에 결국 붉은군대가 승리하여 볼셰비키가 나라 전체를 지배하게 된다.

러시아는 몹시 황폐화되었다. 기근뿐 아니라 전염병인 발진 티푸스, 제1차 세계대전과 내란으로 수년에 걸쳐 약 2천만 명의 국민이 죽었다. 러시아의 산업과 농업은 황폐화되었고, 고등 교육을 받은 다수의 지식인들이 러시아를 떠났다.

춥고 배고픈 우울한 시기

파블로프에게도 가장 우울한 시기였다. 비록 파블로프는 차르를 비판했지만, 비현실적인 이론으로 나라를 망칠 수 있는 유혈 폭군이라는 생각에 볼셰비키도 싫어했다. 내란 중에 식량과 연료가 부족하여 동료 과학자 몇몇이 춥고 배고파서 죽어가는 광경을 어찌할 도리 없이 지켜볼 수밖에 없었다. 볼셰비키는 파블로프가 받은 노벨상 상금을 압류했고, 나이 70세에 강제적으로 땔나무를 찾아다니게 했으며 식물을 재배했던 실험실 주변 정원에 가족용 식품을 키우게 했다. 파블로프는 수년 전 가을철부터 발을 절었기 때문에 이러한 일은 특히 어려웠다. 파블로프의 아들 브세볼로드는 강제적으로 타국으로 이주되었다. 그는 8년 뒤에나 돌아온다. 또 다른 아들 빅토르는 발진 티푸스 전염병에 감염되어 사망했다. 볼셰비키가 1918년에서 1920년까지 정적들에게 단호한 조치를 취했을 때, 파블로프의 집은 몇 번이고 수색당했다. 파블로프와 장남 블라디미르는 잠시나마 체포되기도 했다.

파블로프는 좋아하는 과학 연구를 계속할 수 없다는 것을 알아차렸다. 그의 공동 연구자들이 전선으로 떠났고, 실험용 개들은 굶어 죽어 가고 있다고 1918년 동료에게 편지를 썼다.

'연구는 거의 완전히 중단되었다. 촛불도 없고, 등유도 없고, 전기는 제한적으로만 공급되고 있다. 상황이 나빠도 너무 나쁘다. 언제나 사정이 좋아질까?'

1920년 6월까지 파블로프는 너무 절망적이어서 볼셰비키 정부에게 타국으로 이민 가겠다고 편지를 보냈다. 파블로프는 살 날이 얼마 남지 않았다라고 썼다.

'내 나이 80대에 들어섰지만, 두뇌는 아직 제대로 작동하고 있으므로 조건 반사에 관해 수년 동안 해 왔던 연구를 완성하고 싶은 마음 간절합니다.'

그러나 이러한 연구는 지금 불가능하다고 설명했다. 그뿐 아니라 일상생활 자체가 사실상 불가능하게 되었다.

'부인과 내가 먹는 식사는 양적으로나 질적으로 아주 빈약합니다. 수년 동안 정백분으로 만든 흰 빵은 보지도 못했고, 수주일, 수개월 동안 우유나 고기 없이 품질이 나쁜 호밀로 만든 흑빵으로 연명하고 있습니다. 점차 야위고 쇠약해져 가고 있으며 힘도 잃어가고 있습니다.'

파블로프는 볼셰비키 수뇌부에게 당신들의 정책은 내 조국을 망하게 이끌 것이라고, 아주 확신한다고 솔직하게 말했다.

과학적 지원을 하는 레닌 정부 그러나……

레닌은 파블로프의 편지를 읽고 나서, 그토록 중요한 과학자가 나라를 떠나게 하지 않겠다고 결정했다. 레닌은 또한 볼셰비키는 파블로프가 편안하게 살고 성공적으로 연구할 수 있게 필요한 모든 것을 제공해야 한다고 결정했다. 그에게 제공되는 것을 '그가 원하는 모든 것' 이라고 훗날 세라피마는 기록했다. 레닌의 지시에 따라 정부는 파블로프의 생활과 연구를 위한 '최상의 조건' 을 조성하기 위해 위원회를 구성하는 특별법을 발포했다.

볼셰비키 정부가 파블로프에게 이러한 '백지 수표' 를 주었기 때문에, 서방 세계 과학자들은 그가 타국으로 이주하지 않아 실망했다. 결국 파블로프는 70세가 넘었으므로

파블로프는 집안 소유의 과수원에서 아버지를 도왔던
소년 시절부터 열심히 일하는 정원사였다.

그의 전성기는 지나갔다고 그들은 생각했다. 파블로프가 과학적 연구를 외국에서 계속하기 위해 필요한 것들을 약속할 수도 없었다. 러시아 안에서만 공동 연구자들과 함께 대규모 실험실을 운영할 수 있었을 것이다. 파블로프는 조국을 사랑해서 조국을 떠나야 한다는 생각으로 항상 우울했지만 이제 남기로 결심했다. 레닌 정부는 차르 정부보다 훨씬 더 관대하게 파블로프를 지지하면서 과학 연구를 위해 필요한 모든 것을 제공하려고 했다.

그러나 끝없이 퍼붓는 돈도 그를 침묵시키지는 못했다. 볼셰비키가 반대 소리를 내는 사람들을 억압했을 때도 파블로프는 큰 소리로 통렬히 비난했다.

"국가가 전부이고 국민은 아무 것도 아니다라는 잔혹한 방침의 통치하에 우리는 살고 있다."

그는 1929년에 연설했다.

"자연스럽게 국민들을 벌벌 떨고 맹종하는 대중으로 변화시켰다."

1929년에 레닌이 사망하고, 그 자리를 포악하고 잔인한 독재자인 조셉 스탈린이 차지했다. 스탈린의 공산당(볼셰비키의 새 이름)은 예술, 문학, 영화, 과학까지도 그들 자신의 견해와 같아야 한다고 요구하면서 일상생활의 모든 면을 통제하기 시작했다. 수백만 명의 국민들이 체포되었는데, 주로 정치적인 견해 때문이었다. 스탈린을 불신할 기미만 있어도 체포되었다. 파블로프는 이러한 공포를 공공연히 비난했고, 점점 많아지는 교도소에 갇힌 동료들을

스탈린(1879~1953)
소련의 정치가. 레닌이 죽은 후 권력을 잡았다. 독재적인 방법으로 사회주의 건설을 이끌었다.

구출하기 위해 자신의 영향력을 발휘했다. 비록 종교가 순수 과학과 공존할 수 없다고 생각했지만, 공산당원의 종교 박해를 공공연히 비난했다. 그리고 이러한 자신의 견해를 전달하기 위해 해마다 크리스마스 파티를 성대하게 열었다.

생각, 감정, 행동에 대한 과학적 이해

이런 와중에도 공산주의 국가가 파블로프에게 연구비를 계속 지원함에 따라, 그의 실험실은 최대 속도를 내고 있었다. 1923년 파블로프는 동료에게 다음과 같이 편지 썼다.

'내 연구는 대규모로 발전하고 있다. 연구자가 많이 있어서 함께 연구하고 싶어 하는 사람들을 더 이상 받아들일 수 없다.'

현대식으로 확장된 시설, 많은 공동 연구원, 끝없는 재정 지원 등으로 이른바 사고와 감정이라는 현상의 여러 측면을 동물을 대상으로 연구했다. 파블로프는 보다 객관적이고 과학적이라고 생각되는 용어를 사용했다. '고등 신경 활성의 생리학' 이라는 용어는 곧 '뇌의 생리학' 을 의미한다.

파블로프의 근본 목적은 항상 같았다. 개가 각각의 실험 조건에서 나타내는 모든 반응을 과학적으로 이해하는 것과 생각, 감정, 행동 등을 표현하기 위해 두뇌가 작동하는 방법을 이해하는 것이었다. 의학을 향상시키기 위해 이러한 과학적 지식을 사용하고 결국에는 변하게 되는 사람의 행동을 이해하기 위한 것이다.

파블로프가 연구했던 흥미진진한 문제 가운데는 다음과 같은 것들이 있었다. 다양한 동물들, 예를 들면 물고기, 생쥐, 개, 침팬지 등에서 나타나는 조건 반사를 서로 어떻게 비교할까? 개의 여러 가지 성격, 즉 파블로프가 일컬었던 바와 같이 '신경 유형'은 어떤 점에서 다른가? 조건 반사와 성격 차이는 유전되는가? 좀더 구체적으로 말해 미로를 재빠르게 지나도록 생쥐를 훈련시키면, 그 새끼들도 같은 미로를 '훈련 받지 않은' 생쥐의 새끼들보다 더 빠르게 지나갈 수 있는가? 처음에 파블로프는 훈련받은 생쥐의 새끼가 더 빠르게 지나갔다고 아주 자랑스럽게 알렸다. 하지만 나중에 실험에 오류가 있었고 아무것도 입증하지 못했다는 확신을 갖게 되었다. 또한 파블로프의 실험실에서는 수면, 꿈, 정신 질환 등의 특성도 연구했다.

실험실의 두뇌는 단 한 사람, 파블로프

실험실 운영 초기 몇 년 동안 파블로프는 공동 연구자에게 무엇을 연구할 것이며 어떻게 연구할 것인지를 자세히 설명하면서 마치 작은 공장처럼 경영했다. 달리 말하면 그 당시의 공동 연구자가 말한 바와 같이, 실험실은 단 하나의 막강한 유기체의 생활이었고, 그 유기체의 혼과 두뇌는 단 하나의 훌륭한 사람인 바로 파블로프 자신이었다. 초기 몇 년과는 달리 다수의 공동 연구자는 다른 기관에서 교편을 잡고 있는 젊은 교수들이었다. 그들은 가끔 연구에 관하여 자신의 아이디어를 피력했는데, 모든 중대한 결정은 실험실에서 내려야 한다고 파블로프가 고집 피웠기 때문에 결과적으로 문제가 되었다. 이러한 다수의 공동 연구자는 또한 볼셰비키 정부를 지지하는 사람들로 정치에 대해서도 파블로프와 논쟁을 벌였다. 그렇지만 파블로프는 거리낌 없이 공산주의자의 업적도 칭찬하면서, 공동 연구자를 단지 과학자로만 판단했다. 그러나 공동 연구자가 다른 방향으로 가고 싶어 했을 때는 이 좋았던 관계가 틀어지기도 했다. 예를 들면, 파블로프가 거의 아들로 여겼던 어떤 공동 연구자가 복잡한 과학 문제에 대해 새로운 접근 방법을 제안했을 때, 파블로프는 다음과 같이 답했다.

"이것은 무의미하다. 통상적인 방법을 따르면 더 신뢰할 수 있게 된다."

그 공동 연구자가 주장을 굽히지 않자 파블로프는 결국 그가 원하는 방식대로 실험하도록 허락했지만, 꼬박 2년이 걸린 업적을 전적으로 무시했다.

과학은 가장 위대하고 근본적인 인류의 힘

1917년 전에는 아주 극소수의 러시아 여성만이 과학자가 되었지만, 공산주의 정부는 여성이 과학자가 되도록 장려했다. 덕분에 많은 여성들이 갈 길을 찾아 파블로프 실험실로 왔다. 그들 중 리타 라이트 코발레바는 재능 있는 작가 겸 생리학에 관심이 지대한 번역가였다. 코발레바는 파블로프를 에워싸고 있는 '고귀하고 순수한 과학적 사고' 분위기를 묘사했다. 또 다른 공동 연구자와 마찬가지로, 요구가 너무 많은 우두머리가 실험하는 것을 보러 왔을 때 말해야 할 내용들을 정확하게 연습함으로써 더욱 세밀하게 생각하는 법을 배웠다고 회상했다. 1920년대에 코발레바는 볼셰비키 정부를 확고부동하게 지지하는 찬성자가 되어 파블로프의 끝없는 비판에 적잖이 놀랐다. 그러나 파블로프가 1920년대 후반에 프랑스 방문을 마치고 돌아왔을 때, 약간의 변화된 태도로 말하는 것을 그녀는 들었다. 파블로프는 적절한 공간, 현대 장비, 필요한 실험 동물 등도 없이 연구하는 프랑스 동료들의 빈약한 과학 시설에 깜짝 놀랐다고 그녀에게 말했다. 파블로프는 자신의 행운을 생각했다. 잠시 동안의 침묵이 흐른 뒤에, 다음과 같이 덧붙였다.

"그래, 난폭자들도 공평하게 대우해야 한다. 그들은 과학의 진가를 이해하고 있다."

파블로프는 계속하여 정부가 무고한 사람을 다수 체포하고, 종교를 박해하고, 러시아 국민에게 버젓한 삶을 제공하지 못한 것에 대해 공공연히 비난했다. 그렇지만 과학을 위해 전폭적으로 지원하는 것에 대해서는 점점 칭찬하게 되었다. 청년기를 보낸 신학교 시절부터, 과학은 가장 강력하게 사람을 발달시키는 근본이라고 항상 믿어왔다. 나이 80세가 되어 원숙한 사람으로서 이것은 사실이라고 더욱 더 확신하게 되었다. 과학은 '가장 위대하고 근본적인 인류의 힘'이라고 했다. 과학의 발달은 인류가 무한한 천연 자원을 지배하게 할 뿐 아니라, 사람들에게 올바르게 생각하는 방법을 가르치고 더욱 인도적으로 함께 살게 할 것이다.

물에 빠진 개들에게 나타난 신경증 현상

뜻하지 않은 사고는 왕왕 과학 분야에서 중요한 계기가 되기도 한다. 코발레바는 파블로프의 연구가 새로운 방향을 모색하게 된 중요한 사고를 목격하게 되었다. 1924년 9월 바람이 세게 불었던 어느 날, 상트페테르부르크(지금은 레닌그라드로 부름, 이하 레닌그라드로 명칭) 시의 중앙을 흐르는 네바 강둑이 넘쳐 범람했다. 물이 불어 다리와 거리가 잠겼고, 공중전화를 받치는 기둥이 쓰러졌다. 트롤리가 다니는 선로가 잠기고, 도시의 전기가 끊겼다. 파블로프의 실험실 중 하나가 네바 강에 인접한 도로 건너편에 있었다. 개들이 개장에 갇혀 있어서 익사할 수도 있으리라고 코발레바와 공동 연구자들은 알아차렸다. 몇몇이 그 실험실로 급히 달려갔더니 물이 불어 개장이 거의 잠겨 있고, 맨 꼭대기에서 개들이 살기 위해 수영하고 있었다.

1923년 파블로프의 조건 반사에 대한 글과 연설을 모아 『동물의 고등 신경계활성에 관한 객관적인 20년의 연구 경험』이라는 제목으로 출간했다. 이 책은 재빠르게 다양한 언어로 번역되어 과학자들에게 공급되었다.

개장의 문들은 이미 물에 잠겨 있어서, 개들을 구하기 위해 그들은 개를 움켜잡고 물 아래쪽으로 끌어내려야 했다. 겁에 질린 개들은 공동 연구자들이 자기를 익사시킬 것이라고 '생각해서' 전력을 다하여 저항했다고(파블로프가 틀림없이 찬성하지 않았을 것이지만) 생각할 수 있었다. 다행히 개들 대부분을 구출하여 실험실 2층으로 안전하게 이동시켰다. 물이 빠지기 시작했고, 실험실을 청소하여 실험을 재개했다.

코발레바의 개는 즉각적으로 회복되어 다시 연구할 수 있게 되었다. 그러나 다른 두 공동 연구자, 알렉세이 스페란스키와 빅토르 리크만의 개들은 그렇지 못했다. 이전에는 확실히 나타났던 그 개들의 조건 반사가 변했거나 사라진 것이다. 예를 들면, 메트로놈 소리에 침을 흘리도록 훈련되었던 개가 더 이상 침을 흘리지 않았다. 약 2주 후 파블로프와 공동 연구자들은 개들의 이상한 행동은 홍수 중에 겪은 경험 때문이라는 확신을 갖게 되었다. 그들은 이 현상을 밝혀내기 위하여 '결정적인 실험' 계획을 세웠다. 스페란스키의 개를 말뚝에 묶어 놓고, 소화 호스를 이용해 실험실 안에서 소규모 홍수를 일으켰다.

코발레바는 다음과 같이 기억했다.

"이 불쌍한 강아지에게 무슨 일이 일어났는지를 기록하기는 어렵다."

"발을 내밀고 배를 흔들며 들까불었다가, 애처로이 하소연하는 듯했다가, 세게 잡아당겨 말뚝에서 도망가려고 했다. 그리고 이후에는 먹지도 않았고, 반사 반응도 보이지 않았고, 한마디로 말하면 '엉망' 이 되었다."

이러한 발견으로 '신경증 실험' 이 실험실에서 탐구되기 시작했다. 몇몇 개들은 왜 홍수 충격에서 회복되는데, 어떤 개들은 영원히 영향을 받게 되는가? 그러한 '신경병' 이 나타나게 되는 신경 과정은 무엇인가? 실험으로 밝혀진 연구 결과가 사람의 정신 질환 치료에도 적용되는가? 파블로프와 공동 연구자들은 레닌그라드 홍수 이후 수년에 걸쳐 이러한 질문에 역점을 두어 실험했다. 파블로프 자신도 정신병 진료소를 정기적으로 방문하기 시작했고, 심지어는 환자들을 진단하기도 했다.

파블로프의 과학마을

1929년에 80세가 된 파블로프는 정부로부터 특별 생일 선물을 받았다. 레닌그라드 외곽에 바로 인접하고 있는 시골 콜투시에 파블로프의 과학마을이 생긴 것이다. 이 나이가 되면 과학자 대다수는 노후 생활을 즐기게 되지만, 파블로프는 항상 원기왕성했고 자신의 연구에 대해 열정적이었다. 콜투시 연구단지는 파블로프가 원하는 바에 따라 막대한 비용을 들여 아주 신속하게 건설되었다. 왜 그렇게 서둘렀을까? 콜투시 연구단지에서 특별히 중요한 과제를 완수하는 일은 자신의 참여가 필요하지만, 분명히 자신의 생애는 얼마 남지 않았다고 노령의 파블로프는 판단했기

콜투시에 있는 파블로프의 과학마을.
공산당이 파블로프의 80세와 85세 생일에 막대한 자금을 대어서 시설을 만들었다. 고등신경계활성의 실험유전학 연구소로 명명되었다.

때문이다. 그는 소련 정부의 지도자 중 한 명인 비아체스라프 몰로토프에게 다음과 같은 편지를 썼다.

'내 야망은 아주 커서 힘이 닿는 대로 이 과제를 단단하고 효율적인 반석 위에 올려놓아, 조국 사람 모두가 사용하고 조국의 영광이 되도록 하겠다.'

인간을 생물학적으로 개량시키는 우생학

무엇이 이토록 중요한 과제인가? 파블로프는 다음과 같이 설명했다.

"우리의 연구는 결국 인간을 보다 나은 인간형으로 발달시키는 우생학을 성공적으로 이끌 것이다."

'우생학'('보다 나은'과 '낳은'을 의미하는 그리스어로부터 나왔다)은 인간을 생물학적으로 개량시키는 새로운 과학 분야로 그 이름은 50년도 더 전에 영국의 과학자 프랜시스 골턴이 지어냈다. 골턴과 다수의 여타 과학자들은 육체적 형질, 도덕적 형질, 정신적 형질 등이 유전된다고 확신했다. 과학자와 정부 관료들은 논의를 거쳐 바람직한 형질을 지닌 사람은 아이를 더 많이 낳게 장려하고, 바람직하지 못한 형질을 지닌 사람은 아이를 낳지 못하게 억제하도록 함께 연구해야 했다. 이렇게 하여 인류의 생물학적 혈통이 점진적으로 개선될 것이라 믿었다. 마치 사육사가 우유를 더 많이 만들어 내는 젖소와 더 빨리 달리는 말을 개발하는 선택적 교배 방법을 사용했던 것과 바로 마찬가

우생학
프랜시스 골턴이 사용했던 용어로써 사람을 개량시키는 발달 과학.

유전
부모에서 자손으로 특징이 전달되는 현상.

지이다.

물론 여러 나라 사람들은 인간의 바람직한 형질이 무엇인지, 아이를 더 많이 낳아야 하는 사람과 아이를 더 적게 낳아야 하는 사람을 선택하는 방법 등에 관해 다양한 아이디어를 갖고 있었다. 계급과 인종에 대한 편견은 흔히 이러한 선택에 중대한 역할을 한다. 이와 같은 과학의 놀라운 아이디어는 대단한 논쟁거리였다. 아직도 많은 선도 과학자들은 우생학을 현대적 방법으로 지각하여 인간 개량이라는 분야에 포함시킨다. 러시아 우생학 운동의 초기 선도 과학자 중 한 명은 파블로프의 친구였던 유전학자 니콜라이 콜트소프였다. 그의 입장에서 우생학의 '최고 이상'은 '여러 세대에 걸친 의도적인 연구를 통해 보다 나은 형의 인간으로 자연의 막강한 통치자이며 생활의 창조자를 창출해 내는 것' 이었다.

실험실 연구를 통해 '가장 완벽한 신경계' 를 지닌 '보다 나은 유형' 을 만드는 우생학의 과학적 근거를 제시할 수 있다고 파블로프는 생각했다. 그의 목적은 이러한 신경계 유형의 장점과 단점이 어느 정도로 유전되고, 환경을 조절하여 어느 정도로 변화시킬 수 있는지를 밝히는 것이었다. 그래서 흥분과 억제가 이상적으로 균형 잡힌 개를(그리고 그 후에는 사람) 만들어 낼 수 있는 유전이나 환경 조건을 밝혀낼 필요가 있었다. 파블로프는 그러한 사람은 보다 나은 생활을 할 것이고, 과학적 발견도 더 잘하며 일상생활에서 받는 스트레스를 더 쉽게 극복할 것이라고 했다. 몇

몇 개들은 1924년 레닌그라드 홍수 후에 회복되었지만, 파블로프의 생각대로 약한 신경 유형을 지녔던 나머지 개들은 그 경험으로 인해 망가졌다.

파블로프가 믿기에 이러한 연구는 콜투시처럼 실험 개의 생활 조건을 완벽하게 조절할 수 있는 격리된 과학 마을에서나 가능했다. 콜투시는 개들이 태어나서 죽는 날까지 전 생애를 보내는 거대한 '말이 없는 탑'이 될 것이다. 과학자가 개들의 모든 경험을 조절하고 감시할 것이다. 과학자는 그 개들의 새끼를 연구할 것이고, 유전과 생활 경험이 차세대의 신경계 특성에 얼마나 영향을 미치는지를 결정할 것이다. 조건 반사에 대한 이전의 연구와는 다르게, 개들이 비교적 느리게 번식하기 때문에 이러한 유형의 실험을 완성하기 위해서는 부득이하게 수년이 걸린다. 초파리나 생쥐로 연구하는 과학자는 몇 개월 내에 여러 세대를 관찰할 수 있다. 그러나 개는 그 기간 내에 단지 한 세대만 새로 탄생한다. 그러므로 파블로프는 실험 결과를 기다릴 수밖에 없었다.

원숭이 두 마리의 정신력 연구

그러나 그는 다른 분야의 연구로 항상 즐거웠다. 바로 로자와 라파엘이라고 명명된 원숭이 두 마리의 정신력에 관한 연구였다. 수년 동안 파블로프와 공동 연구자들은 개로 실험한 연구 결과를 다른 동물의 연구 결과와 비교하는

데에 관심을 가졌다. 파블로프는 로자와 라파엘을 관찰하여 다양한 문제, 예를 들어 손이 닿지 않는 곳에 매달려 있는 먹이를 얻기 위하여 상자를 겹쳐 쌓아 놓고 올라가 먹이를 얻는 원숭이들의 능력을 시험하면서 여러 시간을 보냈다. 실험 개와는 다르게 로자와 라파엘은 말뚝에 묶어 놓지 않았다. 사실, 그 원숭이들은 종종 콜투시 주변을 자유로이 돌아다녔다. 한 번은 아침을 먹고 있었는데 로자가 집으로 어슬렁거리며 들어왔다고 파블로프의 손녀 한 명이 회상했다. 원숭이들이 놀이친구로서 항상 온순하지만은 않았던 점을 쓰라린 경험을 통하여 알고 있었기 때문에 손녀들은 놀랐다. 그러나 파블로프는 웃으며 원숭이들의 모든 반응을 비교하고 있는 중이라고 말했다.

사실, 로자와 라파엘의 행동은 사람의 행동과 많이 닮아서 생각과 감정을 제외하면 파블로프가 요구했던 객관적인 언어로 설명하기 어려웠다. 파블로프 자신도 어떤 실험에서 그 원숭이가 범한 여러 번의 실수 때문에 '바보' 라고 라파엘에게 말했다. 또, '머리가 텅 비었구나!' 라고 소리쳤다. 그러나 파블로프는 대체로 영장류 원숭이의 정신력에 아주 감동받았다. 때문에 고등 동물에서 더 복잡한 개념의 정신 작용을 좋아하게 되어 이제까지의 이론을 일부 수정하게 되었다.

원숭이 라파엘이 실험 중에 수수께끼를 푸는 상황을 보여 준다.

고로드키 경기에서 파블로프는 치열한 경쟁자였다.
나무로 만든 무거운 핀을 다양한 대형으로 배열되어
있는 다른 핀들에 던지는 전통적인 러시아 경기이다.

조건 반사의 세계 중심지

콜투시는 '조건 반사의 세계 중심지' 로 알려지게 되었으며, 수많은 외국 방문자를 끌어들였다. 또한 파블로프가 살면서 피로를 풀기에 마음이 흡족한 장소가 되었다. 해가 거듭할수록 그곳에서 점점 더 많은 시간을 보냈고, 여름에는 종종 가족들이 와서 머물곤 했다. 러시아 시골에서 산책과 자전거 타기를 즐겼으며, 정원을 가꾸고, 좋아하는 고로드키 놀이를 즐겼다. 파블로프의 공동 연구자들은 정기적으로 모여서 팀으로 나눠 고로드키 경기를 했는데, 잘못 던지면 치열하고 경쟁심이 강한 우두머리의 장황하고 호된 꾸지람을 들어야 했다. 또한 특히 유리로 된 이층 현관에서 시간 보내는 것을 좋아했다.

러시아의 화가 미하일 네스테로프가 파블로프의 초상화를 그린 장소도 바로 이 콜투시 집의 이층 현관이다. 그는 '인간으로서 가장 독특하고 솔직했던 특별한 사람' 의 특징을 잡아내려고 노력했다. 네스테로프는 활기 넘치는 파블로프의 생활에 대해 몇 시간에 걸쳐 다음과 같은 설명을 남겼다.

정확하게 아침 7시가 되면 파블로프가 서재에서 나와 계단 쪽으로 가는 소리를 들었다. 절뚝거리며 나무 계단을 내려가 수영하러 갔다. 그는 매일 수영했다. 비나 바람도 그를 막지 못했다. 신속하게 옷을 벗고 물로 들어갔고, 몇 번 잠수하고는 재빠르게

네스테로프가 콜투시 집의 베란다에 있는 파블로프를 그린 그림. 성공했을 때 주먹으로 탁자를 치는 특징적인 모습을 그려 열정적인 모습을 나타내려고 노력했다.

다시 옷을 입었다. 그리고 아침을 먹으려고 식탁에 모여 기다리고 있는 집으로 아주 신속하게 돌아와서 인사하고 차를 마셨다. 차를 마시고 난 후에, 어떠한 주제에 대해서도 즉흥적으로 훌륭한 강의를 할 수 있는 파블로프는 통상적으로 활기찬 대화를 했다. 영리한 지성을 앞세워 모르는 것이 없었을 정도였다. 생물학이나 기타 과학적인 주제, 또는 문학과 인생에 관하여도 대화할 수 있었다. 항상 명확하게 풍부한 상상력으로 수긍이 가도록 말했다.

네스테로프는 이토록 유명한 과학자에게서 근본적인 정직과 성실을 간파했다.

"파블로프는 어떤 것을 이해하지 못했을 때, 어떤 오만도 피우지 않고 그것을 단순히 인정했다."

네스테로프는 공동 연구자든 고위층 정부 관리건 간에 누구에게나 같은 방식으로 말했다.

"그는 만사에 독특한 사람이었다."

6

알고 싶은 것은 끝이 없다

1935년 제15차 국제생리학자회의에서 연설하는 파블로프

만일 사람의 생애에 전성기가 있다면, 이반 파블로프는 예외적으로 장기간 풍요로운 생활을 두 번 겪었다고 볼 수 있다. 첫 번째는 소화계에 관한 연구로 55세에 노벨상을 수상했던 1904년이다. 두 번째는 85세의 나이에 제15차 국제생리학자회의에서 주역을 맡았던 1935년이다.

제15차 국제생리학자회의

파블로프의 깊은 믿음과 러시아가 국제적인 과학 사회에서 명예로운 역할을 담당하고자 했던 뜨거운 열망이 그 회의에서 구체적으로 나타났다. 파블로프는 조국에서 이 회의를 유치하기 위해 동료들을 초대했다. 그의 위대한 명성은 스탈린이 지배하는 소련 연방에서 국제회의를 개최하는 것에 대해서 많은 사람들이 지녔던 염려를 불식시켰다. 회의에 참석하기 위해 37개 나라에서 900명의 생리학자들이 레닌그라드에 도착하여 500명의 러시아 과학자들과 합류했다. 공산주의 정부는 경비를 아끼지 않고 참석자들을 환영했고 감동시켰다. 도시의 거리들이 철저히 청소되었고, 근사한 깃발이 내걸렸다. 과학 시설 건물들이 다시 도색되었으며 새로 설치되었다. 방문자들을 위한 거대한 연회가 이전 왕자가 살았던 아름다운 궁전에서 베풀어졌다. 전체 회의를 레닌그라드에서 수백 킬로미터 떨어진 모스크바까지 옮겨서 국가 권력의 바로 중심지인 크렘린에서 절정에 달하는 향연이 벌어졌다.

유명한 스코틀랜드 생리학자인 조지 바거의 연설에서 그 회의의 국제적인 분위기를 알 수 있었다. 바거는 연설을 영어로 시작하여 연속적으로 프랑스어, 독일어, 이탈리아어, 스웨덴어, 스페인어, 러시아어로까지 바꿨다. 외국어를 아주 서툴고 어렵게 말했던 파블로프는 놀랐다.

"다른 나라 말, 또 다른 나라 말, 또 다른 나라 말로 연설한다! 한 사람이 그렇게 여러 나라 말을 어떻게 구사할 수 있는가?"

또 바거는 진심어린 존경의 표현으로 파블로프를 '세계적인 생리학의 대가'라고 칭해 청중으로부터 우레와 같은 박수를 받았다.

회의가 무르익자 파블로프는 이전에는 그렇게 맹렬히 비난했지만, 러시아의 과학을 위해 관대하게 지원해준 공산주의 정부에게 사의를 표했다. 그는 다음과 같이 덧붙였다.

"여러분이 알고 있는 바와 같이, 나는 철저히 실험자이다. 정부가 하고 있는 사회주의 실험이 성공을 거두기를 희망한다."

그는 '위대한 사회주의 실험자'를 위해 건배를 제안할 정도였다. 파블로프는 정부의 업적을 찬양할 때조차도 범죄의 희생양들을 위해 자신이 할 수 있는 일을 했다. 예를 들면, 파블로프의 실험실에서 개장을 청소하던 여성은 그 회의가 성공리에 끝나도록 중요한 일을 했다고 파블로프가 주장했다는 이유만으로 투옥을 면했다. 그리고 회의가 진행되는 중, 파블로프는 자투리 시간을 이용해 자신의 공동 연구자 한 명을 석방시키는 데 성공했다. 당시는 아주 하찮은 정치적인 이유만으로도 체포되었고, 체포된 사람들 중 다수는 아직도 행방을 모른 채 비밀경찰 기록지에만 남아 있었다.

파블로프의 죽음과 애도의 물결

회의가 끝난 후 파블로프는 평소대로 하루에 16시간 일하던 날들로 다시 돌아갔다. 환자들을 보살피면서 공동 연구자들과 연구를 논의했던 정신병 진료소와 자신의 실험실 사이의 레닌그라드를 기분 좋게 활보했다. 그는 주말을 여러 번 지내면서 일과 즐거움이 섞인 생애의 마지막 여름을 콜투시에서 보냈다. 회의 직전에 거의 치명적인 폐렴 발작이 일어나 건강을 심하게 해쳤는데도 불구하고 파블로프는 빡빡한 일정을 계속 유지했다. 오랜 공동 연구자인 블라디미르 사비치는 여름 내내 파블로프가 판에 박힌 평상시의 일상에서 벗어나고 있음을 알아차리고, 그의 죽음이 임박하고 있음을 예감했다. 파블로프가 과학 연구 과제를 마무리하기 위해 남아 있는 여생을 전부 바치고자 했다고 생각했다.

두 번째 폐렴 발작 후에 86세였던 고령의 과학자는 1936년 2월 27일에 사망했다. 그 보다 앞선 다윈과 파스퇴르처럼 그도 국가적인 영웅으로 그리고 국제적인 선도 과학자로 칭송받았다. 수만 명의 레닌그라드 사람들이 검은

실험의학연구소의 기념비에 개를 그린 각 화판은 파블로프의 말을 인용하고 있다. 맨 왼쪽 그림에는 다음과 같이 적혀 있다.
'러시아에서 선사시대 이래로 인간의 조력자이자 친구인 개가 과학의 희생양으로 받쳐지고 있다. 우리의 도덕적 존엄성으로 이 과정이 불필요한 고통 없이 진행되도록 해야 한다.'

천을 드리운 거리에 줄을 서 있다가 장례 행렬이 도시를 통과할 때 고인의 명복을 빌었다. 소련의 과학협회는 대규모 집회를 열어 위대한 과학자의 업적을 기렸다. 애도의 물결이 전 세계로부터 쇄도했다.

파블로프가 남긴 유산

이렇게 충심 어린 존경의 발로는 과학자로서뿐 아니라 20세기 문화의 중요한 상징으로 파블로프의 위상을 반영하는 것이다. 오늘날에 생리학을 거의 알지 못하는 전 세계의 많은 사람들도 전화 벨소리에 개들이 갑자기 뛸 때 파블로프와 침 흘리는 개들을 연상한다. 다윈과 프로이트처럼 파블로프도 특별한 발견뿐만 아니라 포괄적인 과학의 미래상에 기여했다. 그리고 그 미래상과 이를 둘러싸고 벌어지는 끊임없는 논쟁은 인간의 의미에 대해 이해하기 위한 영원한 탐구의 일부가 되었다.

과학은 파블로프 시대 이후로 많이 변해 왔다. 오늘날의 연구자들은 파블로프식으로 온전하고 정상적인 동물을 대상으로 연구하기보다는 세포나 세포보다 더 작은 수준에서 연구하기 위해 정교한 기술을 한층 발달시켜 사용하고 있다. 미국을 포함한 여러 나라에서 실험에 동물 사용을 규제했기 때문에 파블로프가 증명했던 유형의 연구를 이제는 더 이상 수행하지 못한다. 온전하고 정상적인 동물을 대상으로 연구하는 과학자는 종종 생체 해부보다 이미지

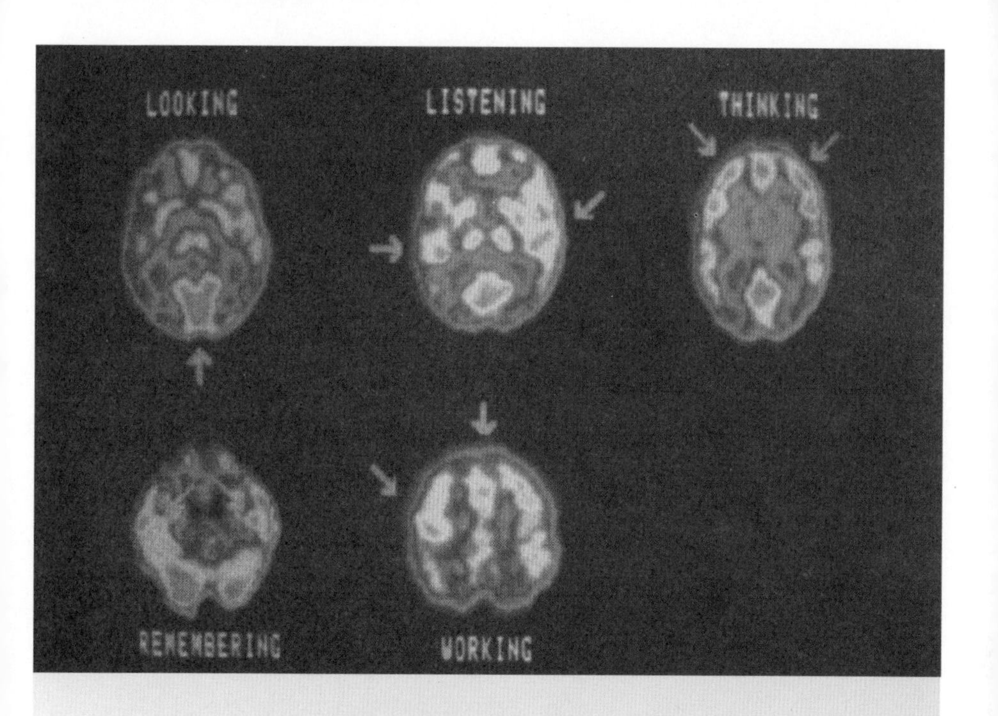

오늘날에는 다양한 과제를 수행하는 동안 뇌 신경 반응을 보기 위해 양전자방출단층촬영술(PET 스캔)을 사용한다. 어두운 부분은 신진대사가 활성화되고 있는 수준을 보여 준다.

를 보고 판단하는 기술에 주로 의존한다. 이 모든 이유 때문에 파블로프가 사용했던 수술 기법의 달인이 된 과학자는 거의 없다. 또한, 오늘날의 과학 교재에 나오는 소화나 두뇌에 관한 설명은 일반적으로 파블로프 시대와는 사뭇 다르다.

그러나 과학에 대하여 파블로프가 남긴 유산은 계속 유지되고 있다. 그 예로 미국에서는 아직도 파블로프 학회가 활발하다. 이 학회는 파블로프의 기술과 통찰력에 공통적으로 관심을 갖고 있는 과학자들이 1955년에 창립했다. 기억, 스트레스, 약물 중독, 심장 및 혈압, 소화, 노화 과정, 성격 형성 등과 같이 다양한 주제에 대해 파블로프가 시작했던 방법과 시각으로 연구하는 다양한 분야의 과학자들이 모여 있다.

오늘날, 소화에 대해 연구하는 과학자들은 소화계를 복잡한 화학 공장이라 비유했던 파블로프 표현을 거의 사용하고 있지는 않지만, 갖가지의 자극에 소화계가 민감하게 반응한다는 기본적인 논증은 받아들이고 있다. 또한 심리학적인 요인들과 신경계가 소화에 중요한 역할을 한다는 데 동의하고 있다. 사실, 신체에서 신경이 가장 많이 분포되어 있는 곳은 뇌이고 두 번째는 위라고 판명되었다. 이러한 사실로 일부 과학자들은 '장-뇌' 라고까지 언급(은유적으로)하게 되었다. 게다가 파블로프 시대에 이미 소화에서 세 번째로 중요한 인자를 발견했었다. 바로 내분비선이다(생리학적 과정을 조절하는 내적인 신체 분비물). 소화생리학자들은 오늘날 종종 소화를 조절하는 과정 즉, 심리학적인 인자, 신경, 내분비물 등의 상호작용을 '심리-신경-내분비 복합체'라고 부른다. 신경이 중요하다는 파블로프의 주장은 과학 분야에서 시종일관 제기되는 바와 같이, 더 복잡한 실체의 한 부분으로 판명되어 있다.

알고 싶은 것은 끝이 없다

뇌 과학과 행동 과학은 20세기에 대변혁을 일으켰다. 그래서 단 한 가지 방법이나 모형으로 나타낼 수 없다. 그 이유에서 이 분야의 과학자들은 오늘날 파블로프의 아이디어에 관해 다양한 의견을 품고 있다. 그러나 여기에서도 파블로프의 유산이 계속 중요하다는 점을 부정하지는 않는다. 최근에 과학 저술가인 돌로레스 콩은 파블로프의 기본 아이디어와 방법에 의존하고 있는 미국 내 많은 과학자들을 회견했다. 마운트홀리오크 대학교의 심리학 교수인 카렌 홀리스는 자신의 입장에서 보면 파블로프가 준 '결정적인 정보'는 우리가 알아차리든 알아차리지 못하든 심리학적인 과정이 신체의 생리 작용에 막대하게 영향을 준다는 점이라고 했다. 예를 들어, 특정 장소, 특정 냄새, 특정 목소리, 특정 겉모습(시금치를 싫어해도) 등에 대한 반응은 기억조차 못하는 어릴 적 경험에 의해 형성된 조건 반사의 결과일지 모른다. 사실 몸은 기억하고 있다. 신경생리학자, 심리학자, 정신의학자 등은 약물 중독, 혈압 및 체온

행동 과학
인간 행동의 일반적인 법칙을 체계적으로 연구하는 학문.

조절, 면역계의 작용 등에서 조건 반사의 역할을 밝혀내고 있다. 이 발견들은 장차 미래에 각종 건강 문제를 치료하는데 중요하다고 입증될 것이다.

이 분야의 선구적인 과학자로서 파블로프가 살아 있다면 이러한 발달에 커다란 자부심을 갖게 될 것이다. 그가 그토록 단호하게 주장했던 아이디어 중 일부가 버림받았어도 놀라지 않았을 것이다. 그가 잘 알고 있는 바와 같이, 이것이 바로 과학의 특징이다. 파블로프의 임종이 머지않았을 때에, 어느 공동 연구자가 곧 뇌에 관하여 모든 것을 알게 될 것이라고 열정적으로 예언했다. 파블로프는 그를 열심히 훈계했다.

"더 많이 발견하면 할수록 모르는 것들이 자연히 더 많이 나타날 것이고, 그래서 질문이 더 많이 제기될 것이다."

"알고 싶은 것은 끝이 없다."

1849 이반 페트로비치 파블로프가 9월 26일 러시아의 랴잔에서 태어나다.

1869 랴잔 신학교를 졸업하다.

1870~75 상트페테르부르크 대학교에서 수강하다.

1876~80 군의사관학교에서 의학을 공부하다.

1880~83 세라피마와 결혼하고, 심장의 신경에 대한 연구를 시작하다.

1884~86 루돌프 하이덴하인과는 브레슬라우에서, 그리고 칼 루트비히와는 라이프치히에서 연구하다.

1890~91 군의사관학교 교수로 임명되고 황제의 실험의학연구소에서 생리학부장이 되다.

1890년대 소화 생리에 관하여 공동 연구자들과 연구하다.

1897 『주된 소화선에 관한 연구 강의』를 출간하다.

1903~36 고등 신경계의 생리학에 관하여 공동 연구자들과 연구하다.

1904 소화의 생리학에 관한 공로로 노벨 생리의학상을 수상하다.

1907 러시아과학원 회원이 되다.

1910 '말이 없는 탑' 을 건설하기 시작하다.

1914 제1차 세계대전이 발발하다.

1917 차르 니콜라스 2세가 처형되고 볼셰비키가 권력을 장악하다.

1918~21 러시아에 내란이 발발하여 아들 빅토르가 죽다. 다른 아들 브세볼로드는 타국으로 이민 가다. 파블로프는 레닌 칙령으로 관대하게 국가차원의 지원을 보장받다.

1923 『동물의 고등신경계활성에 관한 객관적인 20년의 연구 경험』을 출간하다.

1924 레닌그라드 홍수로 실험 개들이 거의 익사하다.

1927 『뇌의 커다란 반구에 관한 연구 강의』를 출간하다.

1929 콜투시에 고등신경계활성의 실험유전학연구소가 건설되기 시작하다.

1932 원숭이 로자와 라파엘이 콜투시로 오다.

1935 제15차 국제생리학자회의를 레닌그라드에서 개최하다.

1936 2월 27일 사망하다.

생리학의 아버지 파블로프

지은이 | 다니엘 토드스
옮긴이 | 최돈찬
초판 1쇄 발행 2006년 5월 23일
초판 2쇄 발행 2008년 5월 16일

펴낸곳 | 바다출판사
펴낸이 | 김인호
주소 | 서울시 마포구 서교동 403-21 서홍빌딩 4층
전화 | 322-3885(편집부), 322-3575(마케팅부)
팩스 | 322-3858
E-mail | badabooks@dreamwiz.com
출판등록일 | 1996년 5월 8일
등록번호 | 제10-1288호

ISBN 978-89-5561-325-4 03400
ISBN 978-89-5561-062-8(세트)

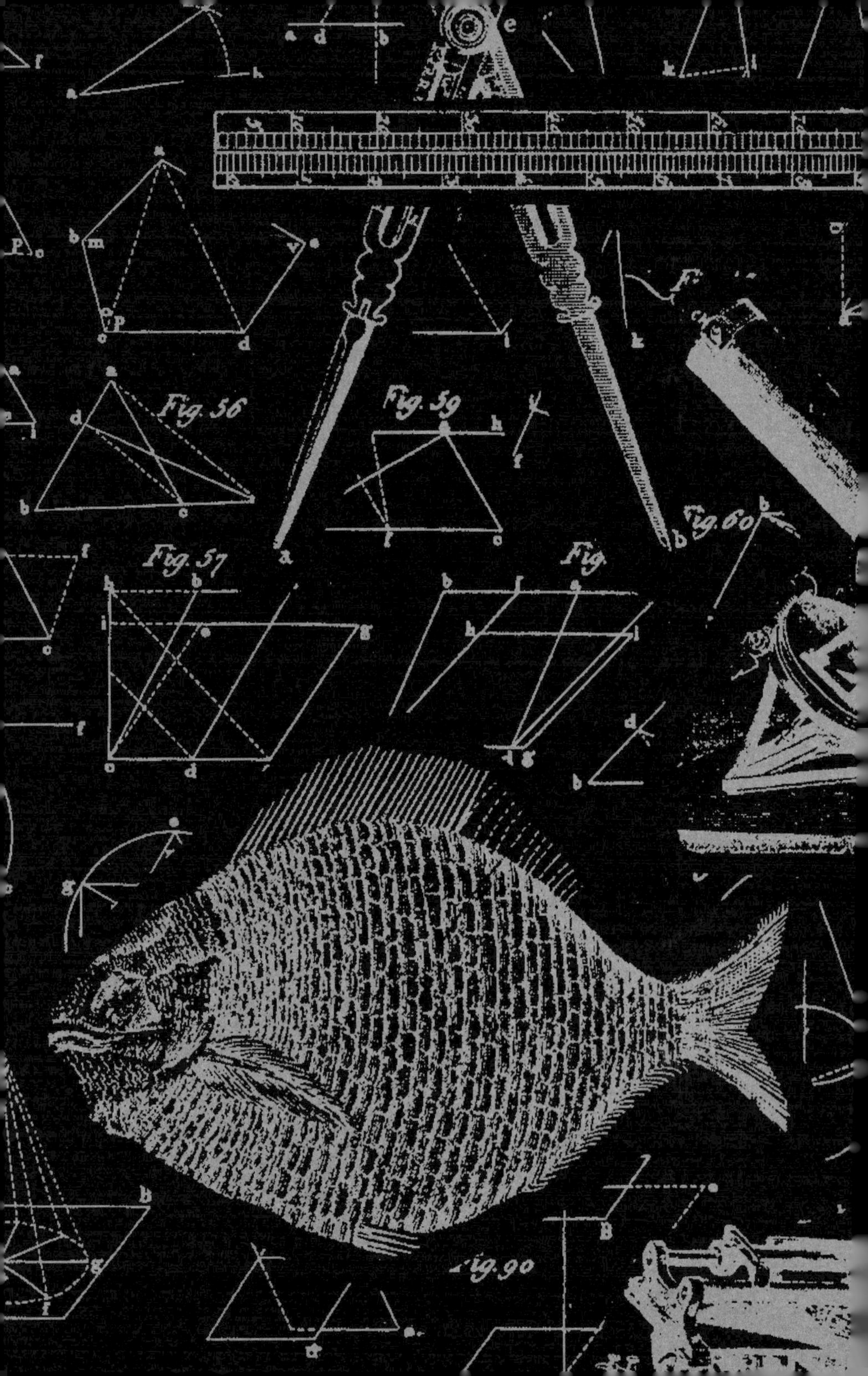

Fig.103
Fig.111
Fig.112
pq-r7